만화로 이해하는
흙과 비료 이야기

비료 이야기

토양과 비료를 만화로 그리면서 ①

토양과 비료를 만화로 그리면서 ②

만화는 꼭 그림을 잘 그리는 사람의 몫이 아니라는 걸 보여준 사람이 윤승운 화백입니다.
윤 화백은 〈맹꽁이 서당〉 등 많은 교육용 만화를 그렸는데,
그림이 서툴고 선이 단순하지만 수십 권을 그렸습니다.
아래 그림은 황희 정승에 대한 만화인데, 그림은 어설퍼도 내용이 잘 전달될 수 있으면
충분히 만화로서 가치가 있음을 보여줍니다.
여기에 용기를 얻어 토양과 비료와 관련된 만화를 그릴 생각을 했습니다.

:::: 토양과 비료를 만화로 그리면서 ③

제 만화는 크게 세 부분으로 구성되어 있는데,

- **전개부분** ➡ 농업인이 궁금한 내용을 대화로 전개하여 만화의 전체적인 내용 암시
- **원리와 내용** ➡ 현장에 적용할 수 있는 부분을 학술적인 측면에서 설명하고 이해시키는 내용
- **실제 적용방법** ➡ 어떻게 토양을 관리하고 비료를 사용해야 할지에 대한 마무리 설명

전개부분에는 농업인의 입장에서 궁금증을 제시하는 내용을 3~4컷으로 그리고

원리와 내용부분에는 제가 갖고 있는 지식을 이용하여 그림으로 설명하고

뿌리 가로채기는 토양표면의 양분(K)과 뿌리 표면의 수소(H)가 서로 교환하면 흡수되고

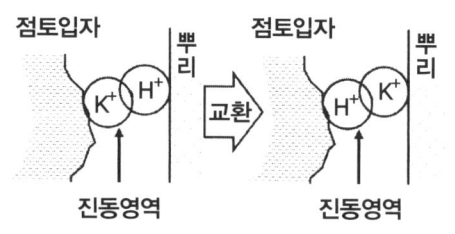

마지막에는 만화내용과 농업인에게 하고 싶은 내용으로 마무리 지었습니다.

화학비료든 유기질비료든 일단 물에 용해되어 이온 또는 분자량이 작은 형태로 변화되고 뿌리와 접촉이 되어야 흡수됩니다. 그래서 모든 비료는 물에 용해되는 정도에 따라 흡수가 결정됩니다.

토양과 비료를 만화로 그리면서 ④

2022. 03   제주대학교 교수 현해남

| 저자 소개 |

- (현) 제주대학교 명예교수
- (현) 농민신문 디지털농업 "흙과 비료 이야기" 고정 필진
- 2010 ~ 현: 한국비료협회 무기질비료발전협의회 위원장
- 1989 ~ 2021: 제주대학교 생명자원과학대학 토양비료학 교수
- 2008 ~ 2021: 제주농업마이스터대학장
- 2008 ~ 2010: 제주대학교 생명자원과학대학장
- 2012: 한국토양비료학회장
- 2012 ~ 2014: 제20차 세계토양학회 조직위원장
- 2007 ~ 2013: 친환경농자재 토양개량·작물생육전문위원회 위원장

차례 2권 비료이야기

제1부 비료에도 궁합이 있다

- 10 왜 토양마다 비료를 다르게 주어야 할까
- 12 왜 다량원소, 미량원소로 나누었을까
- 14 비료 성분량 계산법
- 16 비료 성분함량 보는 법
- 18 비료에도 궁합이 있다
- 20 비료도 균형이 맞아야 한다
- 22 비료를 배합하면 좋은 경우와 나쁜 경우
- 24 복합비료와 배합비료는 무엇이 다를까
- 26 완효성비료의 장점
- 28 농자재는 부품이다
- 30 친환경 유기농자재에는 어떤 것이 있나
- 32 광물질비료의 성분
- 34 경사가 다르면 비료도 다르게
- 36 뿌리의 양분흡수
- 38 알아두어야 할 비료 공정규격

제2부 고체, 액체, 기체로 변신하는 질소비료

- 40 질소는 어떤 형태로 흡수되나
- 42 질산화 억제 질소비료란
- 44 고체, 액체, 기체를 돌아다니는 질소(1)
- 46 고체, 액체, 기체를 돌아다니는 질소(2)
- 48 질소비료가 단백질이 되기까지
- 50 요소비료는 왜 속효성일까
- 52 질소비료를 나누어 주는 이유
- 54 변장에 능한 질소
- 56 질소비료를 웃거름으로 주어야 하는 이유
- 58 질소비료는 어떻게 만드나

제3부 인산비료 이해하기

- 60 인산비료의 종류와 특성
- 62 인산비료 제조과정과 차이
- 64 인산이 과잉이면 붕소가 결핍된다
- 66 인산 종류에 따라 맞춤비료 효과도 다르다
- 68 인산이 적은 비료를 써야 하는 이유

제4부 칼리비료 이해하기

- 70 칼리비료의 종류
- 72 염화칼리와 황산칼리의 차이
- 74 염류집적 줄이는 칼리비료 사용법
- 76 하우스토양의 말썽꾸러기 염류집적

제5부 다량원소 이해하기

- 78 석회가 부족하면 식물에는 어떤 현상이 나타날까
- 80 왜 석회비료는 먼저 주어야 하나
- 82 석회비료 종류 알기
- 84 석회비료를 주어야 하는 이유
- 86 질소 · 석회 섞어 쓰면 부작용
- 88 칼슘유황비료란 어떤 비료일까
- 90 밭작물엔 황이 든 비료가 보약
- 92 밭작물에 황이 든 비료가 좋은 이유
- 94 엽록소와 헤모글로빈은 사촌 사이
- 96 붕소는 왜 필요할까
- 98 화학비료에 붕소가 있는 이유
- 100 석회, 고토, 황 함유 비료의 중요성
- 102 기능성 물질로서의 유황비료

차례 2권 비료이야기

제6부 유기질비료 이해하기

- 104 부숙이 안 된 퇴비는 안 준 것만 못하다
- 106 가축분뇨에는 어떤 비료성분들이 있을까
- 108 유기질비료와 부산물비료 퇴비의 차이
- 110 좋은 유기질비료 고르는 법
- 112 팜유박과 야자유박을 유기질비료에 못 쓰는 이유
- 114 유기질비료와 화학비료의 질소는 뭐가 다를까

제7부 부숙비료(부산물비료 퇴비) 이해하기

- 116 퇴비와 화학비료 성분량 계산하는 방법
- 118 퇴비 정부지원과 주의할 점
- 120 미부숙퇴비는 병원균의 온상
- 122 퇴비에도 등급이 있다
- 124 좋은 퇴비를 스스로 만드는 법
- 126 무서운 불량 퇴비
- 128 물 많은 퇴비는 일단 의심을
- 130 옛날에는 퇴비를 어떻게 만들었을까
- 132 조상의 지혜 – 퇴비 만드는 법
- 134 포대에 구멍 뚫린 퇴비의 장점
- 136 우리나라 농경지는 청정해요
- 138 산업폐기물이 토양과 작물에 미치는 나쁜 영향
- 140 흙을 병들게 하는 폐비닐
- 142 농약은 토양에서 어떻게 움직이나

제8부 퇴비가 좋은 이유

- 144 퇴비는 국물이 보약
- 146 퇴비가 좋은 이유 – 흙을 부드럽게 하는 힘
- 148 퇴비가 좋은 이유 – 가뭄에 견디는 힘
- 150 퇴비가 좋은 이유 – 양분 용탈을 막는 힘
- 152 퇴비가 좋은 이유 – 미생물의 보금자리
- 154 퇴비가 좋은 이유 – 양분 유효도를 높이는 힘
- 156 퇴비가 좋은 이유 – 효소 배양체
- 158 퇴비가 좋은 이유 – 알루미늄 독성을 줄이는 힘

제1부 비료에도 궁합이 있다

:::: 왜 토양마다 비료를 다르게 주어야 할까

비료를 주면 일부는 공기 중으로, 일부는 용탈되고, 일부는 흙에 보관되었다가 작물에 이용되는데

```
        대기
         ↑
 비료 ⇨ 토양흡착 ⇨ 작물
  ↓
 용탈
```

점토가 많은 토양은 용탈되는 비료 성분량이 적고 흙에 보관되었다가 작물에 이용되는 양이 많으며

```
         대기
          ↑
  비료 ⇨ 토양흡착 ⇨ 작물
   ↓
  용탈
```

반대로 점토가 적은 토양은 용탈되는 양이 많아집니다.

이는 점토가 표면적이 가는모래나 모래에 비해 1,000~10,000배 이상 넓어 양분과 수분을 많이 보유할 수 있고

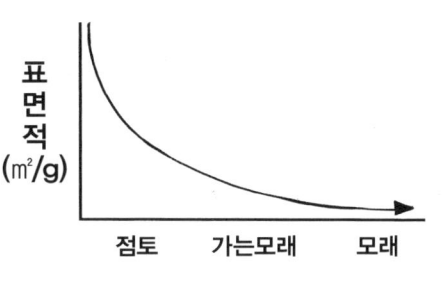

가는모래와 모래가 갖고 있지 않은 토양음전하(양이온치환용량)를 갖고 있으며

반대로 점토가 적으면 용탈되는 물과 비료의 양이 훨씬 많아지기 때문입니다.

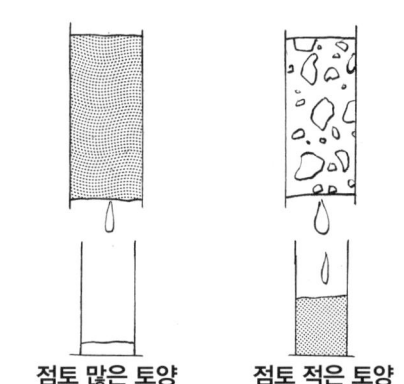

토양마다 점토, 가는모래, 모래, 자갈 함량이 모두 다르기 때문에 같은 양의 비료를 주더라도 작물이 이용할 수 있는 양은 차이가 있습니다.

토양을 분석한 결과가 같다고 하더라도 점토가 많은지 적은지, 물빠짐이 빠른지 느린지를 감안하여 비료를 주는 지혜가 필요합니다.

왜 다량원소, 미량원소로 나누었을까

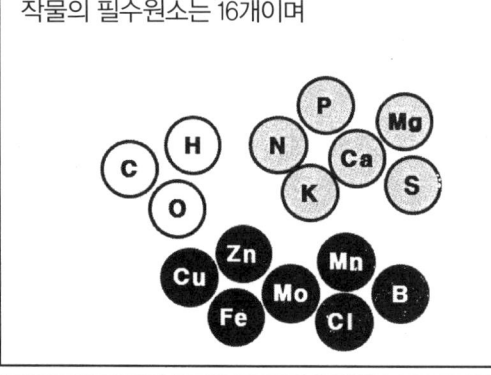

작물의 필수원소는 16개이며

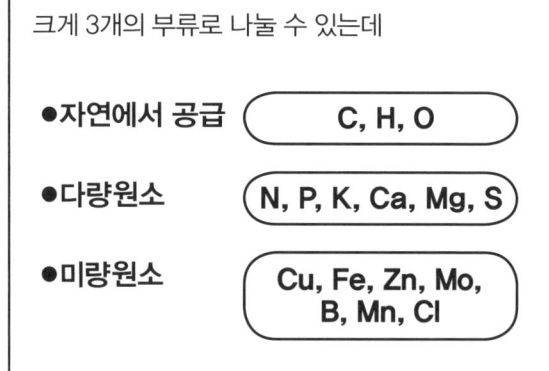

크게 3개의 부류로 나눌 수 있는데

- 자연에서 공급: C, H, O
- 다량원소: N, P, K, Ca, Mg, S
- 미량원소: Cu, Fe, Zn, Mo, B, Mn, Cl

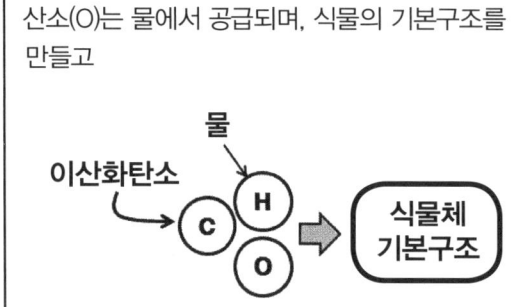

탄소(C)는 공기 중의 이산화탄소에서, 수소(H)와 산소(O)는 물에서 공급되며, 식물의 기본구조를 만들고

다량원소는 식물이 많은 양을 필요로 하기 때문에 주로 비료로 공급되어 식물에 흡수되어 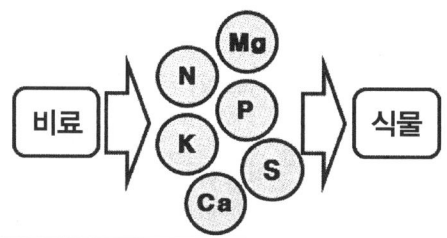	식물체에 퍼센트(%) 단위로 존재하며 N 1~5% Ca 0.2~1% P 0.1~0.4% Mg 0.1~0.4% K 1~5% S 0.1~0.4%
미량원소는 ppm(백만분의 1) 단위로 존재합니다. Cu 5~20ppm Mn 20~500ppm Fe 50~250ppm Cl 매우 다양함 Zn 25~150ppm B 6~60ppm Mo 1ppm 내외	결국, 자연에서 공급하는 탄소, 수소, 산소가 식물의 골격을 형성하고 
다량원소가 단백질, 효소, 세포 등을 구성하고 	미량원소가 부품으로 사용되어 식물체를 완성합니다. 
으음, 어느 것 하나도 소홀히 해서는 안 되겠네요. 	예, 그렇습니다. 농민들은 특정 성분 하나가 품질과 수량에 영향을 미치는 것으로 생각하기 쉬운데, N, P, K, Ca, S, B 등은 비료로 공급되고 나머지는 자연에서 공급되어 상호역할을 공유하며 하나의 작물이 자라게 하는 데 기여합니다. 

비료 성분량 계산법

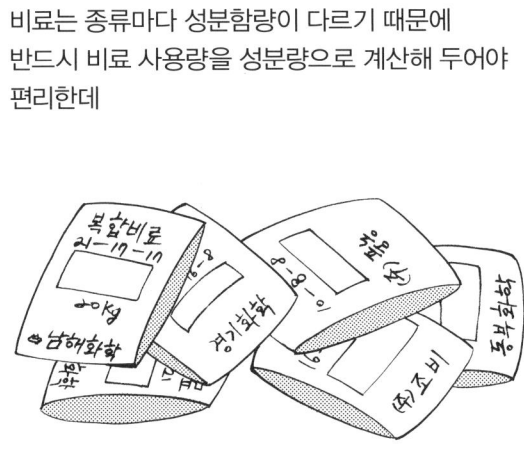

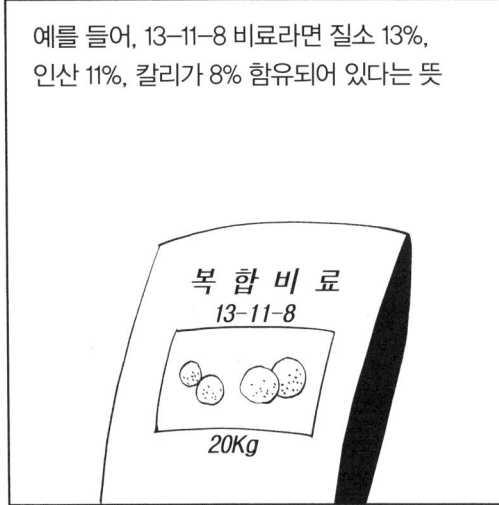

13-11-8 비료는 20kg짜리 한 포대당 질소가 2.6kg

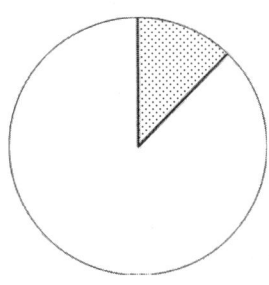

$20 \times 13/100 = 2.6$

인산이 2.2kg

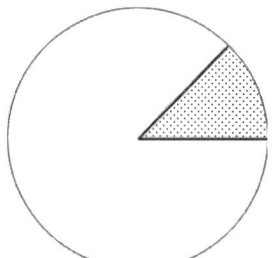

$20 \times 11/100 = 2.2$

칼리가 1.6kg 있다는 의미

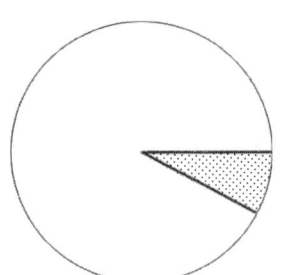

$20 \times 8/100 = 1.6$

만약 다섯 포대를 사용했다면 성분량으로 질소 13kg, 인산 11kg, 칼리 8kg을 준 셈

2.6Kg × 5포대 = 13Kg

2.2Kg × 5포대 = 11Kg

1.6Kg × 5포대 = 8Kg

화학비료는 종류가 많고 성분량이 다르기 때문에 사용량을 포대로 얘기하면 정확하게 알 수 없습니다.

반드시 사용한 비료의 양을 성분량으로 계산하여 알고 있어야 비료를 많이 준 것인지 적게 준 것인지 알 수 있습니다.

올해는 꼭 비료 사용량을 성분량으로 기록해 두세요. 그래야 비료를 과학적으로 사용할 수 있습니다.

비료 성분함량 보는 법

비료 포장지의 뒷면에는 비료의 성분함량이 표시되어 있는데, 아래 표를 이용하여 설명하면

질소	인산	칼리	고토	붕소	유황	미량요소
–	–	–	–	–	–	–

관련이 없는 성분은 「–」로 표시

질소-인산-칼리 중에 질소함량이 상대적으로 많은 비료는 빨리 자라는 작물에 적합한 비료이고

질소	인산	칼리	고토	붕소	유황	미량요소
12	7	8	–	–	–	–

인산이 없는 비료는 생육 중기에 부족하기 쉬운 질소와 칼리를 보충하기 위한 웃거름용 비료입니다.

질소	인산	칼리	고토	붕소	유황	미량요소
12	0	8	–	–	–	–

만약 붕소가 함유되어 있다면 열매를 맺는 과수원예용에 적합한데,

질소	인산	칼리	고토	붕소	유황	미량요소
–	–	–	–	0.3	–	–

붕소가 결핍되면 열매를 맺을 때 동화산물의 이동이 안 되어 과실이 부실해지기 때문입니다.

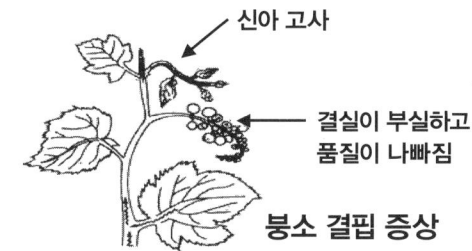

붕소 결핍 증상

유황이 함유되어 있으면 밭작물에 좋은데 양파, 마늘과 같이 향이 중요한 작물에 특히 좋으며

질소	인산	칼리	고토	붕소	유황	미량요소
-	-	-	-	-	8	-

반면에 황을 수도작에 사용하면 황화물이 뿌리에 침전되어 뿌리가 검게 변하면서 부작용이 나타나기도 합니다.

이외에 석회, 고토 또는 규산이 함유되어 있는데

질소	인산	칼리	고토	붕소	유황	미량요소
-	-	-	2	-	3	6

20kg 1포대에 들어 있는 함량은 다음과 같이 계산합니다.

질소	20×0.12 = 2.4	붕소	20×0.003 = 0.06
인산	20×0.07 = 1.4	석회	20×0.03 = 0.6
칼리	20×0.08 = 1.6	유황	20×0.08 = 1.6
고토	20×0.02 = 0.4	규소	20×0.06 = 1.2

아하, 비료 포장지 뒤에 있는 성분 함량을 잘 살펴봐야겠네요.

그렇습니다. 우리가 병원에서 처방을 받을 때 간이 나쁜 사람이 위장약을 먹으면 안 되듯이 작물의 종류에 따라 비료 성분량을 꼼꼼히 따져서 비료를 사용하는 습관을 갖는 것이 중요합니다.

비료에도 궁합이 있다

토양 pH를 높이는 동시에 인산질비료의 용해도가 높아져서 효과가 좋아지지만

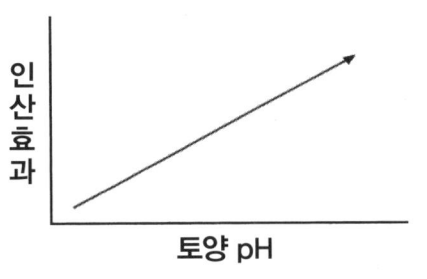

반면에 질소비료와는 궁합이 맞지 않아 암모니아 가스가 발생하면서 질소비료 효과를 떨어뜨립니다.

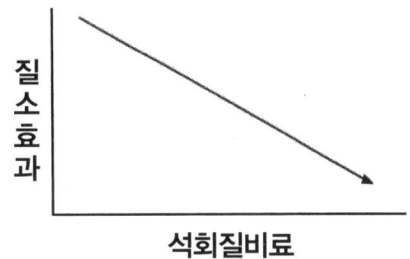

유기물은 모든 비료와 궁합이 잘 맞아 비료 효과를 높여줍니다.

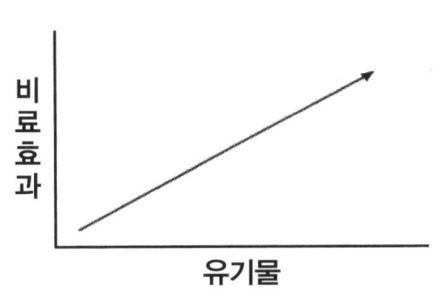

궁합이 잘 맞는 비료는 섞어 써도 문제가 없지만 궁합이 안 맞는 비료를 잘못 섞어 썼다가는 오히려 피해가 날 수 있지.

오호!

화학비료는 화학물질을 혼합해 만들어진 것이어서 잘못 섞어 썼을 때 생각지도 못한 피해가 날 수 있습니다.

특히 석회와 질소는 상극이어서 섞이면 암모니아 가스가 발생하여 작물에 해를 주는 예가 종종 있으며, 반면에 석회와 인산은 궁합이 잘 맞아 인산의 효과를 높여주게 됩니다.

비료를 줄 때는 늘 흙 속에서 어떻게 반응을 하여 작물에 흡수되는지를 생각하면서 사용하는 것이 과학영농을 하는 농민의 자세입니다.

비료도 균형이 맞아야 한다

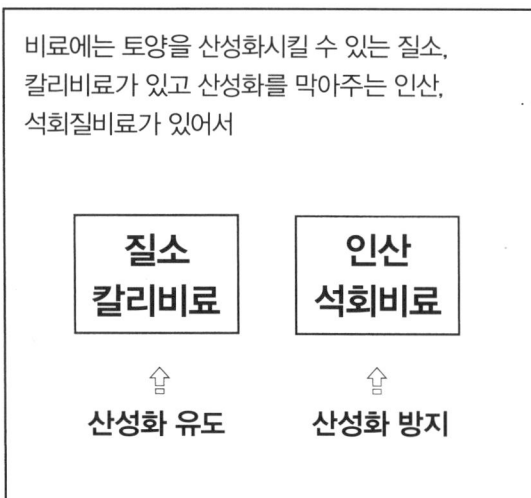

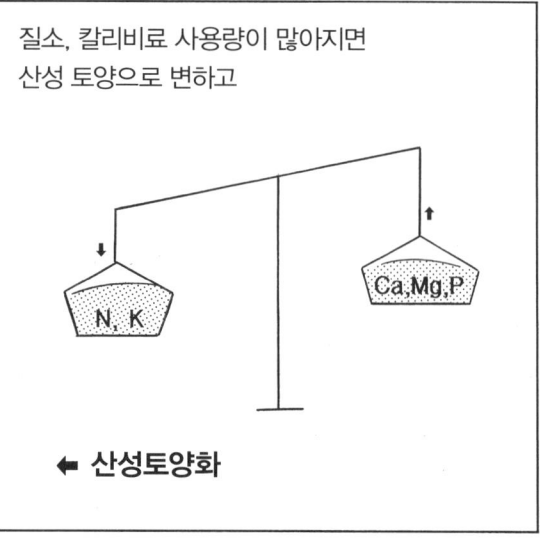

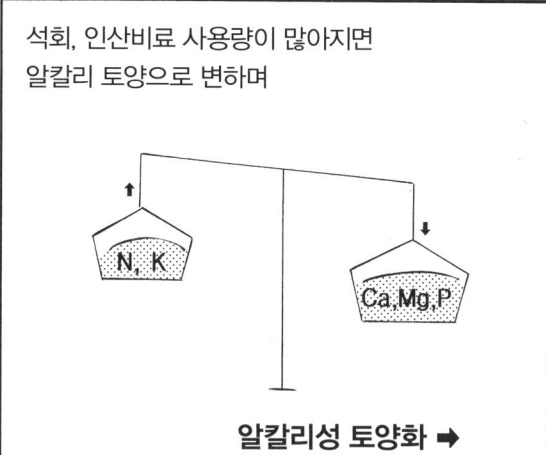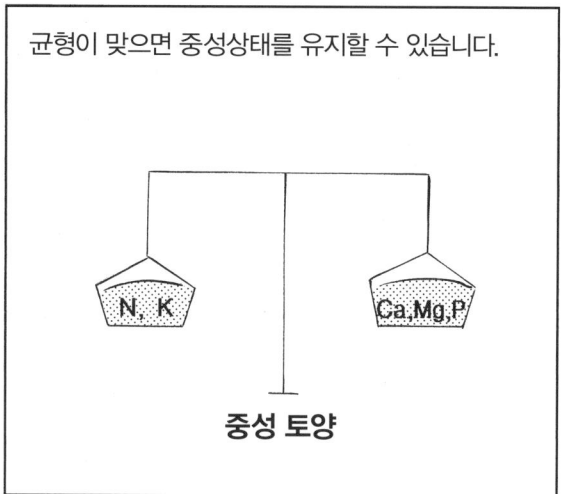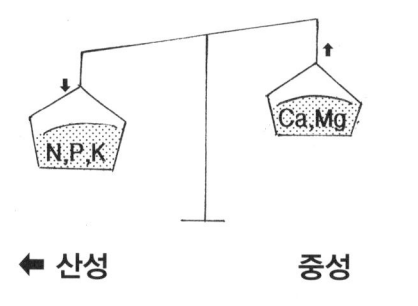

비료를 배합하면 좋은 경우와 나쁜 경우

유안, 요소비료와 석회비료를 배합했을 때를 보면 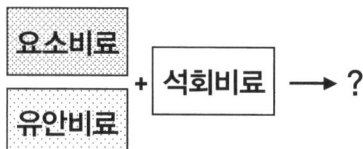	요소의 암모늄(NH_4^+)이 석회(Ca)와 반응하여 암모니아 가스(NH_3)가 발생하고 요소 NH_4^+ + 석회 Ca ⟶ NH_3
유안도 석회와 반응하여 암모니아 가스가 발생하는데 유안 NH_4^+ + 석회 Ca ⟶ NH_3	암모니아 가스는 씨앗의 발아나 뿌리에 해를 입힙니다. NH_3 --- 피해 → 뿌리
수용성 인산비료인 과석과 중과석에 석회비료를 혼합하면 불용화되어 효과가 줄어들기도 합니다. 수용성 인산 P + 석회 Ca ⟶ Ca-P 물에 녹지 않음	반면에 퇴비를 발효시킬 때 석회질비료를 첨가하는 것은 산성화를 막기 때문에 좋습니다. (산도 vs 발효기간 그래프, 석회첨가)

아하, 석회비료를 혼합할 때는 주의해야겠네요?

그렇습니다. 일반적으로 퇴비에 비료를 배합하는 것은 괜찮으나 질소비료에 석회비료를 배합하는 것은 금물이며, 항상 가스 피해에 주의해야 합니다. 그래서 석회비료를 주고 토양과 잘 섞어준 후에 2주일 정도가 지나서 다른 비료를 주는 것이 좋습니다.

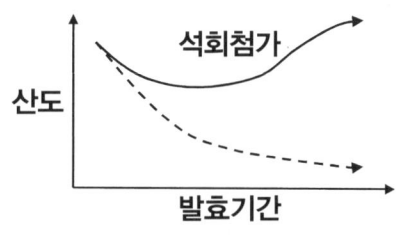

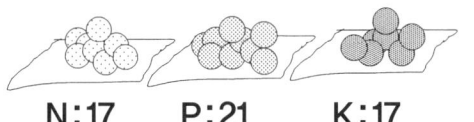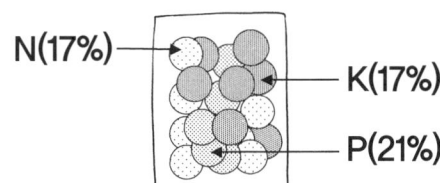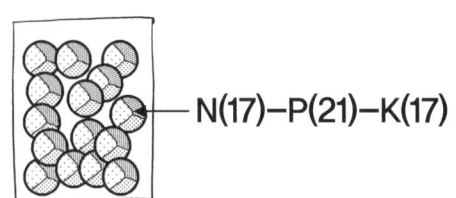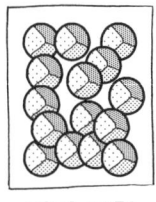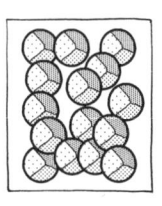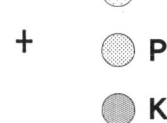

완효성비료의 장점

구분	완효성비료	일반 비료
양분이용률	높다	낮다
노동생력화	1회 시비완료	3~5회 분시
작물 수확량	105~120%	100%
시비경제성	높음(117%)	낮음(100%)
환경오염	낮음	높음
웃거름	필요 없음	필요함

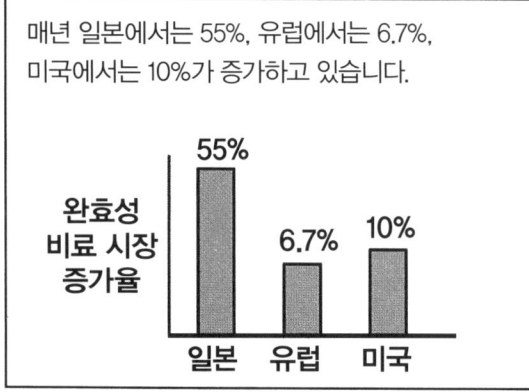

우리나라 남해화학에서 순수 국내 기술로 개발한 피복형 완효성비료 〈오래가〉는

복합비료의 표면이 토양에서 잘 분해되는 아크릴수지로 코팅되어 있어서

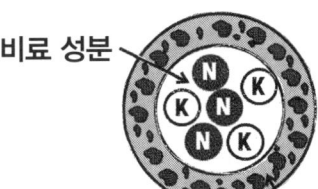

토양에 들어가면 물을 흡수하고

내부의 비료 성분이 서서히 용출됩니다.

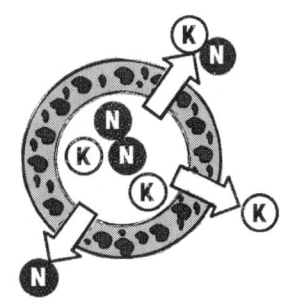

코팅 두께에 따라 용출속도가 달라지기 때문에

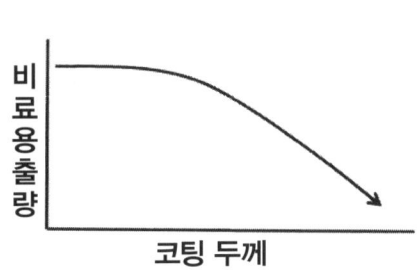

비료를 많이 요구하는 시기에는 많이 용출되고 적게 필요할 때는 적게 용출됩니다.

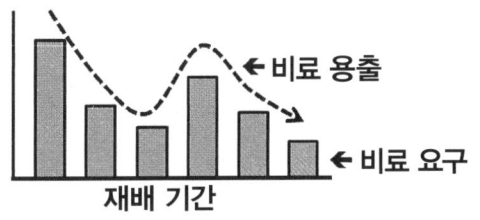

오호, 그러면 양분 흡수효과도 좋아지고 환경오염도 적어지겠네요?

예, 그렇습니다. 〈오래가〉 완효성 비료는 〈농민신문〉이 일전에 기획연재한 것과 같이 N-P-K의 용출량을 조절할 수 있어서 한 번의 시비로 수량과 품질을 높일 수 있습니다. 특히 수입제품에 비해서도 품질이 우수하기 때문에 작물 흡수량을 늘리고 환경오염도 줄이는 새로운 개념의 비료입니다.

농자재는 부품이다

그중에 비료를 역할에 따라 화학비료, 토양개량제, 친환경비료로 나누어 설명하면

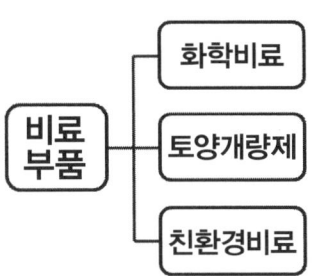

화학비료의 질소, 인산, 칼리, 황, 붕소는 작물의 영양을 담당하고

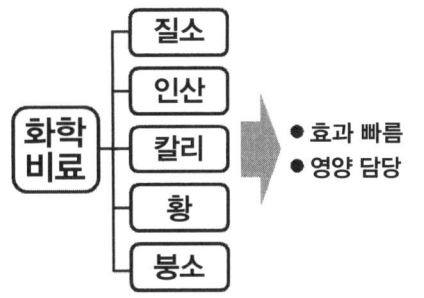

토양개량제는 토양의 Ca, Mg의 함량을 높여 산성토양 개량을 담당하고

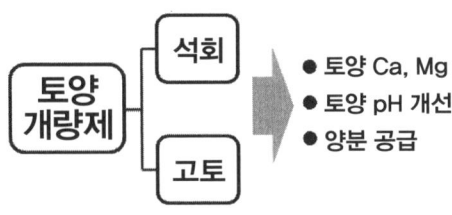

친환경비료는 유기질(퇴비), 광물질, 미생물, 키토산 등 기타로 나눌 수 있는데

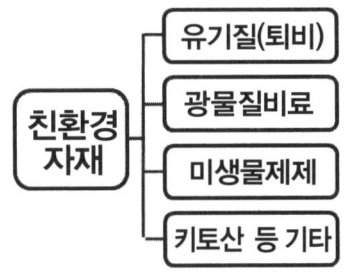

유기질비료(퇴비)는 양분 공급이 지효성이고 광물질비료는 양분 공급 효과가 매우 느리며, 미생물제제는 미생물 다양성 유지를 담당합니다.

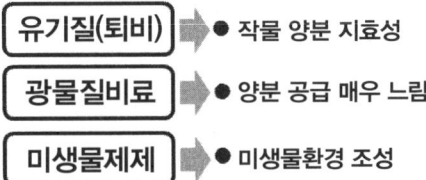

그래서 화학비료, 토양개량제, 친환경비료는 작물을 생산하는 부품으로서의 기능을 골고루 발휘할 수 있도록 해야 합니다.

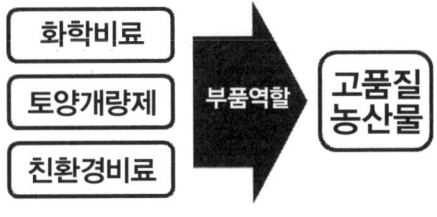

만병통치는 없네요?

예, 그렇습니다. 모든 비료는 장단점이 있습니다. 화학비료든 토양개량제든 친환경비료든 하나로 모든 작물의 품질과 생산성을 높일 수는 없습니다. 이들 비료의 조화로운 균형만이 좋은 농산품을 생산할 수 있습니다.

친환경 유기농자재에는 어떤 것이 있나

* 친환경농산물 인증제도는 계속 개선되어 저농약 농산물은 2009년 신규인증이 중단되어 현재는 유기농, 무농약만 있으며, 로고는 2012년 변경하였음. 친환경유기농자재는 2014년 '유기농업자재'로 용어가 변경됨.

친환경 유기농자재 심의과정에서 화학물질, 음식물류폐기물, 아미노산발효부산물, 유해중금속, 항생물질, 제조공정 등 여러 가지를 검토하여 공시하는데

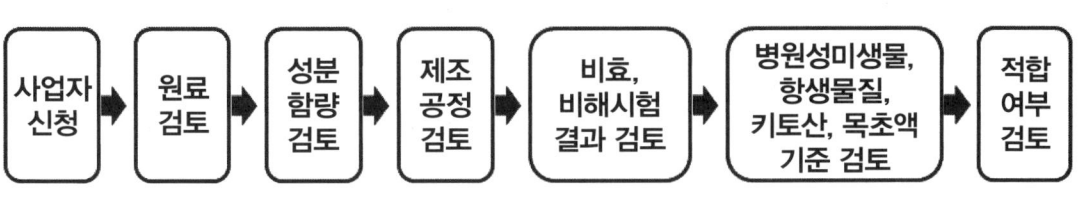

2010년 5월을 기준으로 퇴비, 미생물제제, 유기질비료가 전체의 55.1%로 비중이 가장 크며

그다음으로 광물질비료, 식물·해조추출물이 약 18%이며,

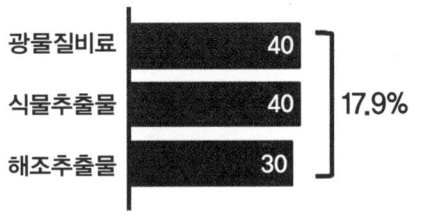

그 외에 키토산, 목초액, 기타가 차지합니다.

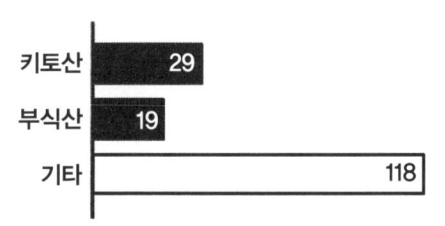

따라서 친환경 유기농자재를 사용한 유기농업은 자재의 특성을 감안하여 작물이 잘 자랄 수 있는 자재를 선택해야 합니다.

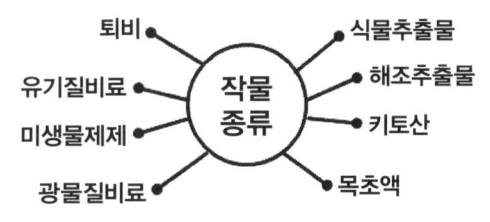

으흠, 친환경 유기농자재에 대해 많은 공부를 해야겠네요.

예, 그렇습니다. 친환경 유기농자재는 유기농산물을 생산하기 위한 자재입니다. 화학물질의 사용을 엄격하게 제한하고 효과보다는 안전성을 강조하고 있습니다. 그래서 관행농업에서 사용하는 자재보다 효과가 크다는 과대선전에 유의해야 합니다.

광물질비료의 성분

질소비료를 제외한 다른 비료는 주로 광물로 만드는데

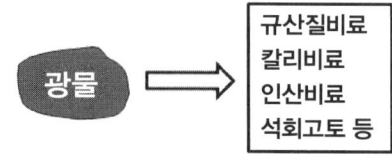

화학비료는 비료효과를 높이기 위해 광물을 가공하여 작물양분을 화학적으로 추출하는 것이며

광물질비료는 광물을 분쇄하여 사용하므로 원료 광물에 어떤 작물양분이 있는지 알아야 합니다.

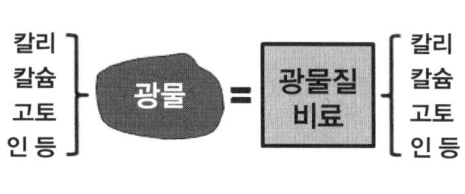

암석은 크게 세 가지로 나뉘는데

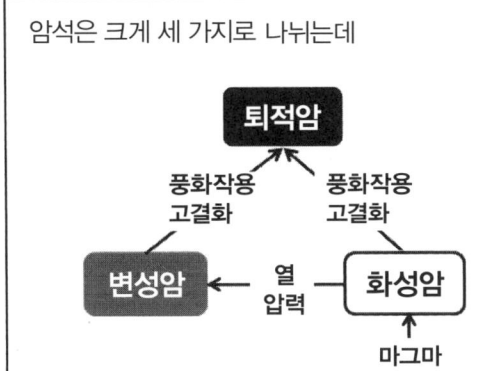

화성암에는 화강암, 섬록반암(=맥반석), 현무암이 있고 변성암에는 편마암, 점판암, 천매암이 있는데

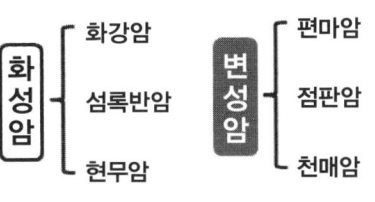

규소함량은 화강암과 천매암이 많지만 실제 작물이 이용할 수 없고

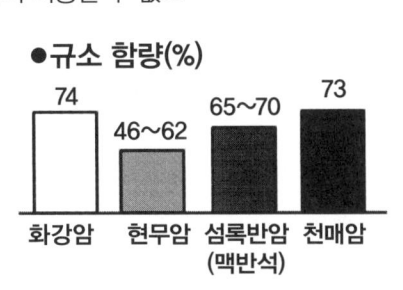

칼리함량은 큰 차이가 없으며

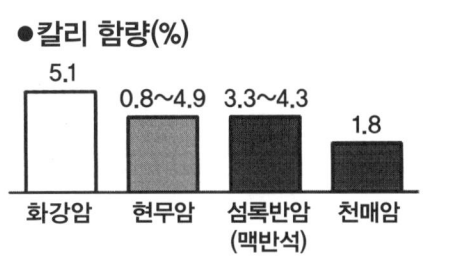

칼슘함량은 현무암이 가장 많고

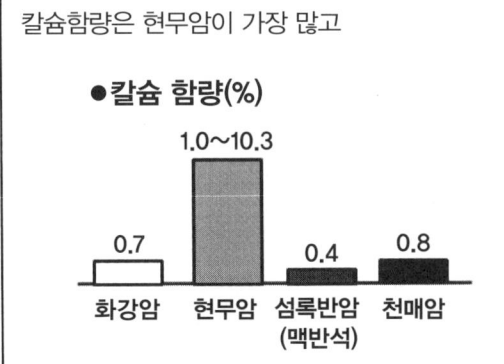

고토도 현무암이 많습니다.

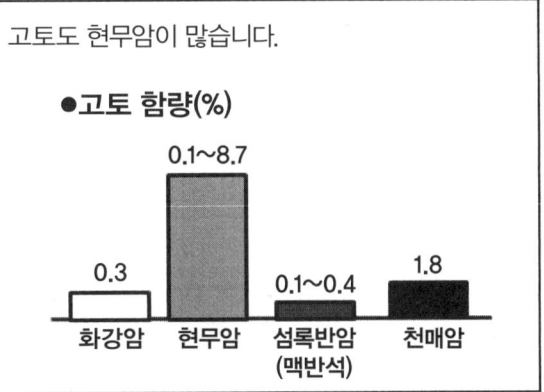

어? 맥반석과 천매암에 작물양분이 많지 않네요?

예, 맥반석과 천매암은 모양과 색이 뛰어나서 건축용, 건강용으로는 다양하게 이용됩니다. 그러나 작물 양분은 어디서나 볼 수 있는 화강암, 현무암에 비해 많지 않습니다. 특히 광물이 용해되어 식물이 이용하는 데는 많은 시간이 소요되는 것을 감안하면 단기간 재배작물에 필요한 양분을 공급하는 데 한계가 있습니다.

경사가 다르면 비료도 다르게

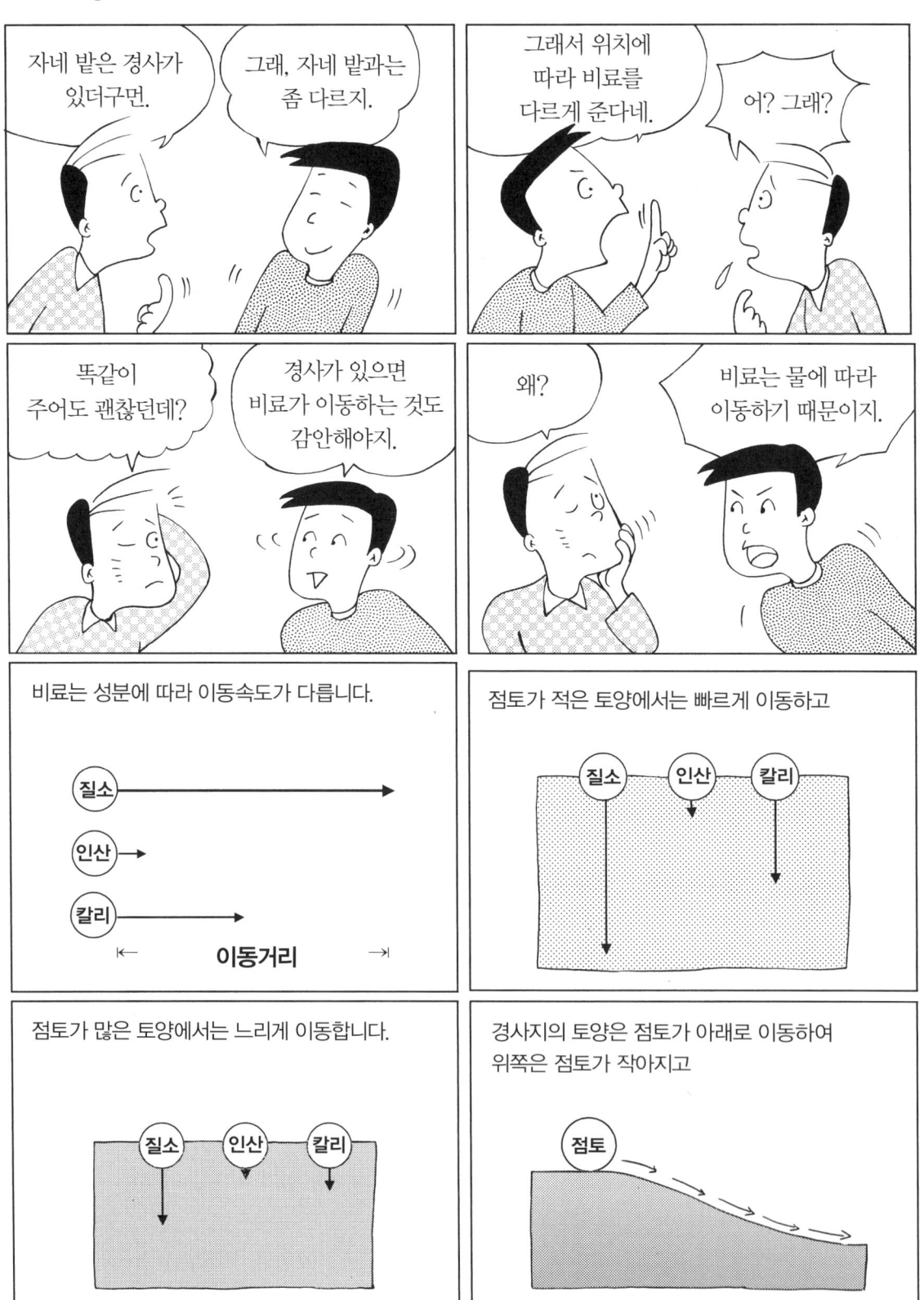

아랫부분은 점토가 쌓여 점토도 많고 토심도 깊어집니다.

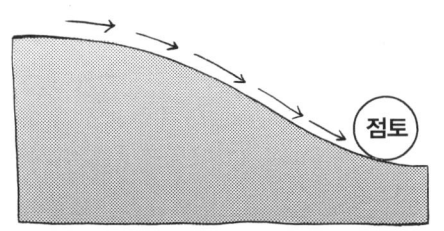

따라서 비료를 똑같이 주면 윗부분의 양분이 계속 밑으로 내려가서

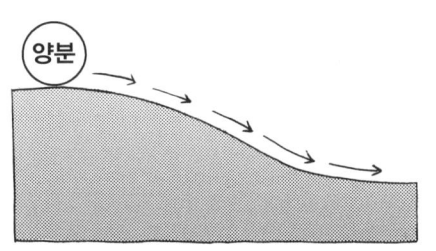

아랫부분에 쌓이게 되기 때문에

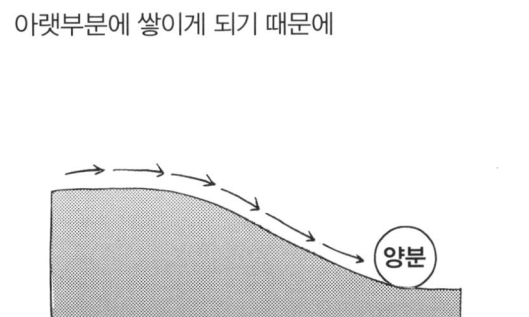

같은 양을 주더라도 아랫부분에는 비료가 넘치고 윗부분은 적어집니다.

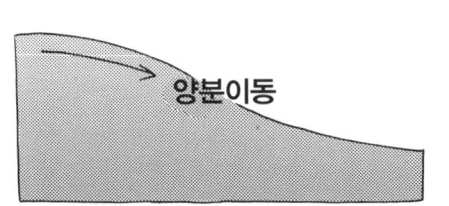

따라서 윗부분에는 비료를 약간 많이 주고 아랫부분은 적게 주는 것이 좋습니다.

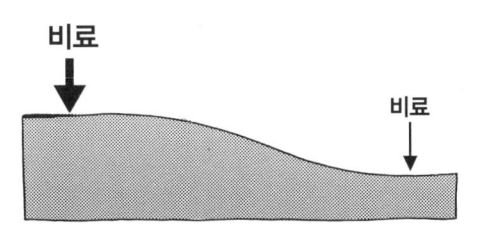

뿌리의 양분흡수

뿌리는 반드시 토양양분이 이온형태로 접촉되어야 흡수를 시작하는데

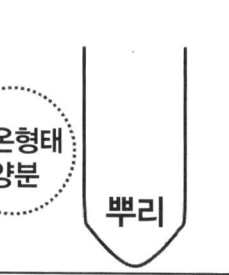

세 가지 방법으로 양분이 흡수되며 작물과 양분에 따라 차이가 있습니다.

옥수수의 질소는 주로 집단유동과 확산 방법으로 흡수됩니다.

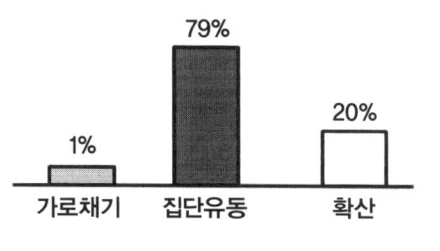

세 방법은 이온교환, 물의 흡수, 농도 차이에 따라 흡수되는 것인데

뿌리가로채기	뿌리와 토양 표면에서 이온 접촉 교환
집단유동	잎의 증산작용에 따라 물과 함께 흡수
확산	양분 농도에 따라 뿌리 쪽으로 양분 이동

뿌리가로채기는 토양 표면의 양분과 뿌리 표면의 수소(H)가 서로 교환하여 흡수하는 것이고

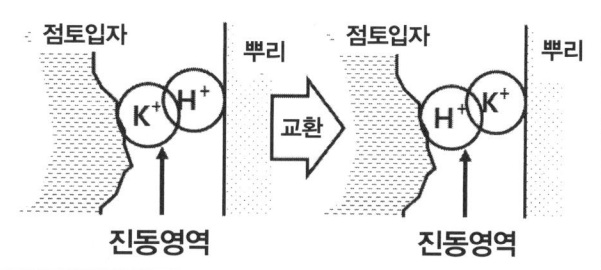

집단유동은 잎의 기공을 통해 물이 증산하면서 토양의 물이 뿌리로 빨려 들어가면서 양분이 흡수되는 것이며

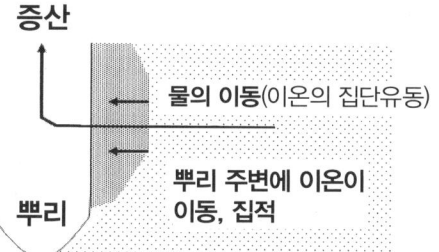

확산은 뿌리 주변의 이온농도가 낮은 쪽으로 이동하는 원리로 흡수되는 것입니다.

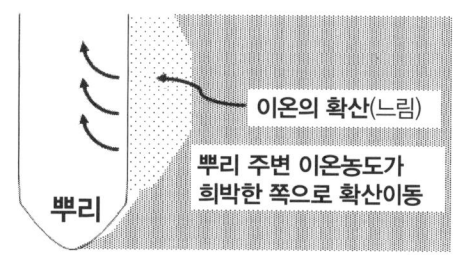

이렇게 뿌리털로 흡수된 양분은 표피, 표층, 피층, 내피 등을 통과하여 물관부에 도착하여 잎으로 이동합니다.

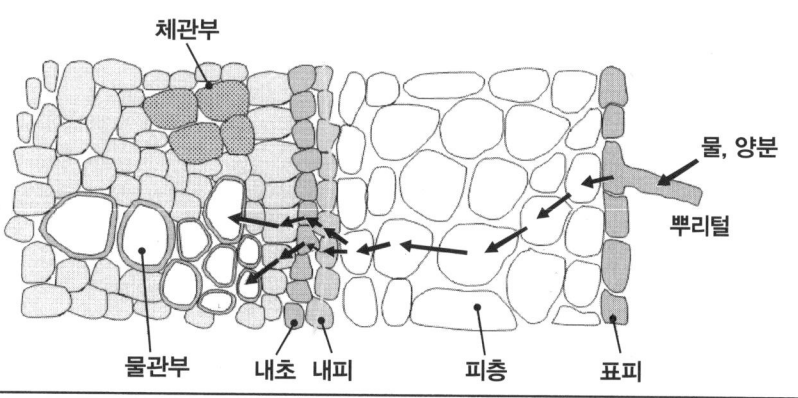

아, 이온형태로 변해야 양분이 흡수되는군요.

예, 그렇습니다. 화학비료든 유기질비료든 일단 물에 녹아 이온 형태 또는 분자량이 작은 형태로 변환되어야만 뿌리가 양분을 흡수할 수 있습니다. 그래서 양분의 용해도는 양분이 얼마나 쉽게 흡수될 수 있는지를 판별하는 기준이 됩니다.

알아두어야 할 비료 공정규격

비료 공정규격을 쉽게 이해할 수 없을까?

왜애?

비료 규격은 법과 같은 것이잖아.

그렇지.

그러니까 잘 이해해야지.

참, 그렇지. 정확하게는 무기질비료라면서?

화학비료라는 용어는 비료 규격에는 없다는 것을 모르는가?

한번 비료 공정규격을 알아보세. 비료도 이해하고.

비료 공정규격은 1962년 처음 공포되어 60회가 넘게 개정되면서 2011년 11월에 개정 고시되었는데

비료 공정규격 공포('62.9.10)
↓ 20번
20번 전면개정('77.5.8)
↓ 44번
최근 개정('11.11.1)

비료는 보통비료와 부산물비료로 나누고 보통비료는 10개, 부산물비료는 2개로 구분하며

비료구분
- **보통비료**
  - ❶ 질소질비료
  - ❷ 인산질비료
  - ❸ 칼리질비료
  - ❹ 복합비료
  - ❺ 석회질비료
  - ❻ 규산질비료
  - ❼ 고토비료
  - ❽ 미량요소비료
  - ❾ 유기질비료
  - ❿ 기타 비료
- **부산물비료**
  - ❶ 부숙비료
  - ❷ 미생물비료

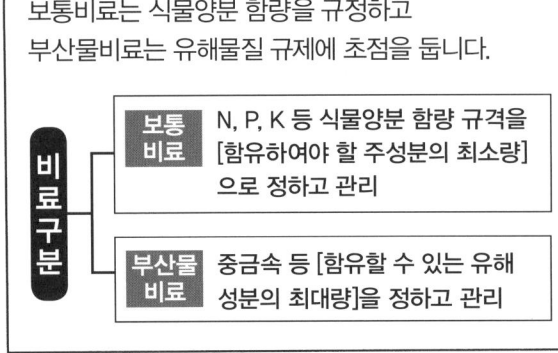

보통비료는 식물양분 함량을 규정하고 부산물비료는 유해물질 규제에 초점을 둡니다.

비료구분
- **보통비료**: N, P, K 등 식물양분 함량 규격을 [함유하여야 할 주성분의 최소량]으로 정하고 관리
- **부산물비료**: 중금속 등 [함유할 수 있는 유해성분의 최대량]을 정하고 관리

아하, 보통비료는 주로 식물양분에,

부산물비료는 유해성분에 초점을 두었군요.

* 비료 공정규격은 계속 개정되며 농촌진흥청 홈페이지에 그 내용이 고시됨.

농가가 많이 사용하는 비료는 복합비료로 4종류가 있는데 1종 복합비료는 거의 없으며,

- 4복합비료
  - 1종 복합비료 : 화학적으로 혼합
  - 2종 복합비료
  - 3종 복합비료
  - 4종 복합비료

2종 복합비료는 맞춤형비료가 여기에 속하며, 3종 복합비료는 무기질+유기질비료이며

- 4복합비료
  - 1종 복합비료
  - 2종 복합비료 : 물리적으로 배합
  - 3종 복합비료 : 무기질+유기질 혼합
  - 4종 복합비료

4종 복합비료는 엽면시비, 관주용으로 사용하는 비료로 물에 잘 녹습니다.

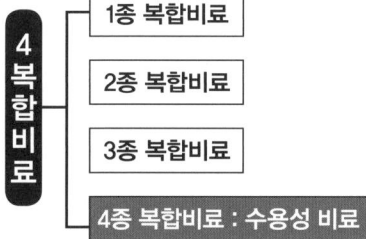

- 4복합비료
  - 1종 복합비료
  - 2종 복합비료
  - 3종 복합비료
  - 4종 복합비료 : 수용성 비료

부산물비료는 부숙비료와 미생물제제로 나뉘는데

- 부산물비료
  - 부숙비료 : 가축분퇴비, 퇴비, 부숙겨, 분뇨잔사, 부엽토, 건조축산 폐기물, 가축 분뇨 발효액, 부숙왕겨, 부숙톱밥
  - 미생물제제 : 47개 유용 미생물 종류, 숫자

가축분이 함유되고 부숙과정을 거치는 부숙비료는 병원성 미생물, 부숙도 측정이 필요하며

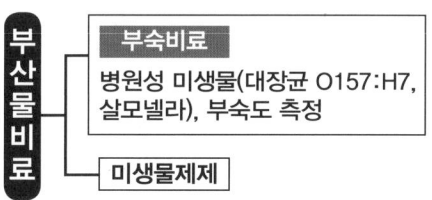

- 부산물비료
  - 부숙비료 : 병원성 미생물(대장균 O157:H7, 살모넬라), 부숙도 측정
  - 미생물제제

토양미생물제제는 효과가 있는 미생물만 쓸 수 있도록 사용 가능한 미생물의 종류와 숫자를 규정했습니다.

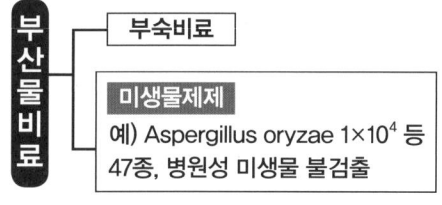

- 부산물비료
  - 부숙비료
  - 미생물제제 : 예) Aspergillus oryzae 1×10^4 등 47종, 병원성 미생물 불검출

아, 어렵네요.

예, 그럴 겁니다. 비료 공정규격은 2011년 11월 1일 전면적으로 개정되었는데, 여기서는 농가가 많이 사용하는 복합비료와 퇴비에 대한 내용을 다루었습니다. 앞으로 다른 비료에 대한 내용들을 정리할 예정입니다.

제2부 고체, 액체, 기체로 변신하는 질소비료

질소는 어떤 형태로 흡수되나

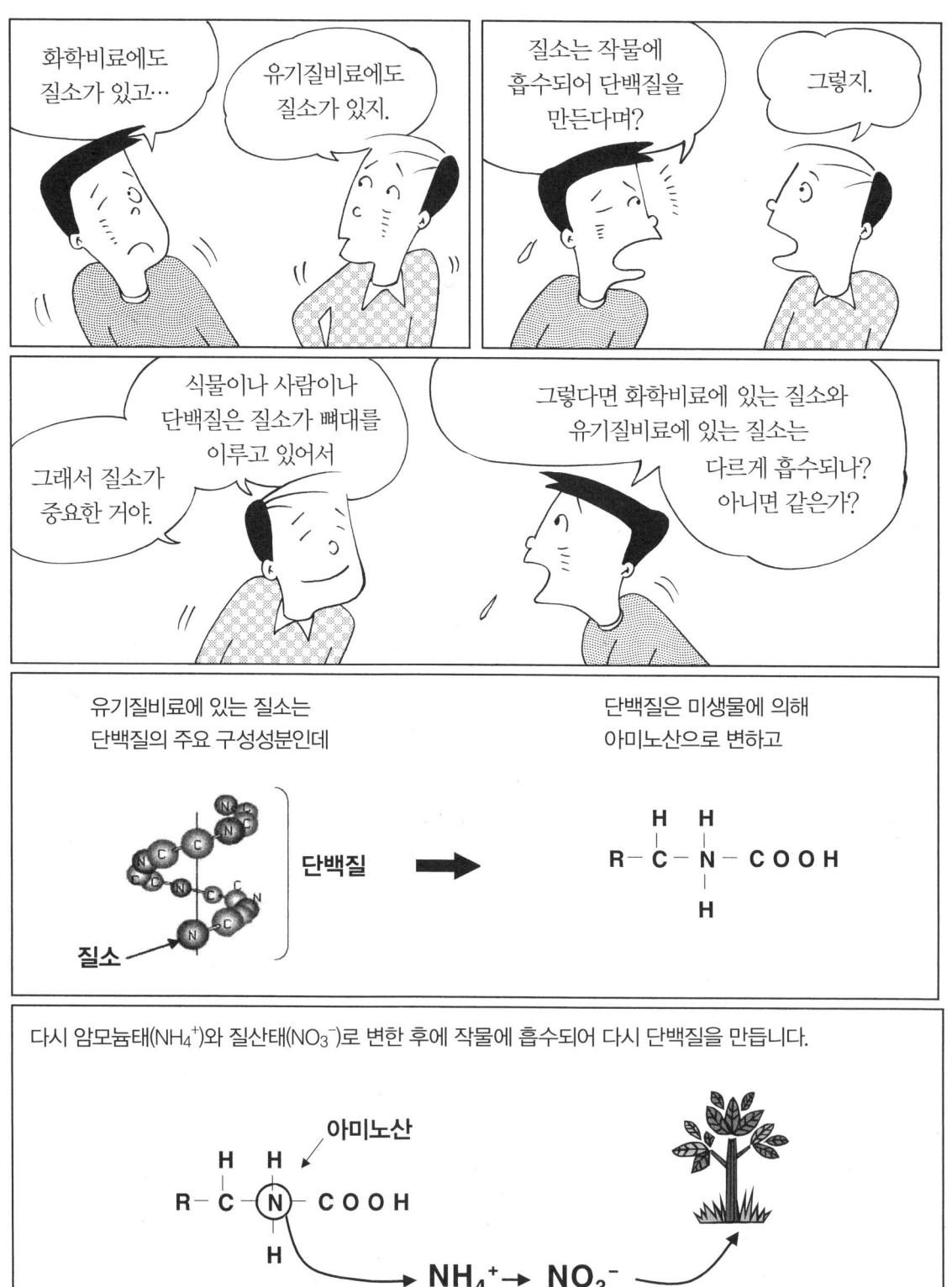

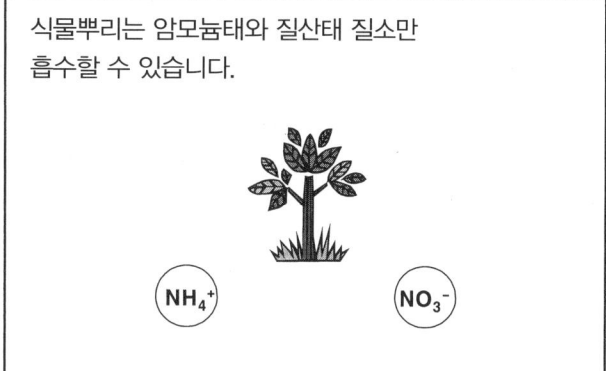

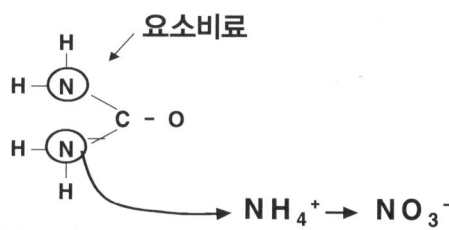

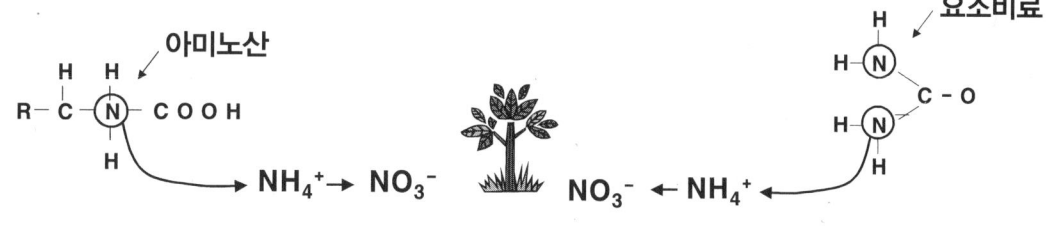

질산화 억제 질소비료란

다른 비료와 달리 왜 질소비료는 자주 주어야 하지?

왜 그러는가? — **인산이나 칼리비료는 밑거름만 주어도 되니까 그렇지!**

질소비료는 용탈이 잘 되어서 그렇지. — **인산과 칼리비료는 쉽게 용탈되지 않지만**

그러게 말이야, 용탈을 줄여서 — **질소 흡수량을 높이는 좋은 비료가 없을까? 그러면 질소 비료를 적게 주어도 될 텐데…**

질소비료가 용탈되는 이유는 질소비료가 질산태(NO_3^-)로 빠르게 변하기 때문입니다.

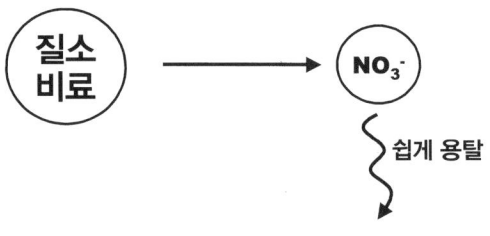

그 과정을 자세히 살펴보면, 질소비료는 토양에 들어가면 물에 녹아 암모늄태(NH_4^+)로 변하여 식물에 흡수되고

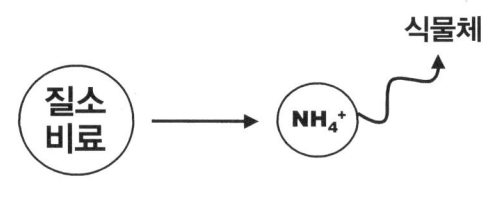

보름 정도 지나면 다시 아질산(NO_2^-)과 질산태(NO_3^-)로 변하면서

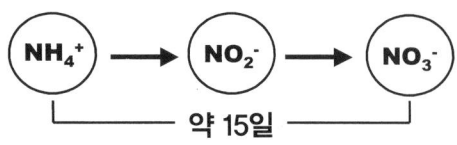

근권 밖으로 용탈되어 식물이 흡수하지도 못하고 환경만 오염시키게 됩니다.

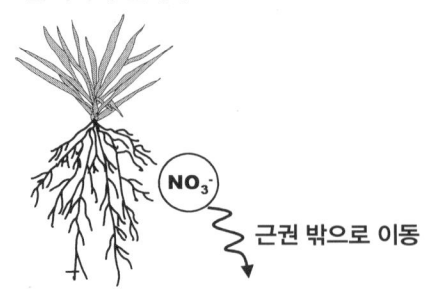

아하, 그러면 질산화가 되지 않도록 하면 좋겠네요?

그래서 독일의 BASF사가 아래와 같은 구조식을 갖고 있는 질산화 억제제 엔텍을 개발했습니다.

엔텍(ENTEC)은 질소비료가 질산태로 변하는 과정을 느리게 조절하는데

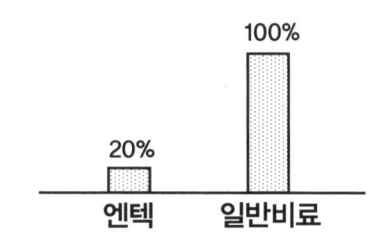

질산화 과정

20°C 실험실 조건에서 일반비료는 15일 이내에 모두 질산태로 변하지만 엔텍은 약 20%만 질산태로 변하고

농경지 990㎡(약 300평)에 12kg의 질소비료를 살포했을 때 일반비료는 급격하게 질산태로 변하여 웃거름을 주어야 하지만, 엔텍은 생육 전기간 동안 천천히 변하기 때문에 한 번만 비료를 주어도 2개월 이상 효과가 지속됩니다.

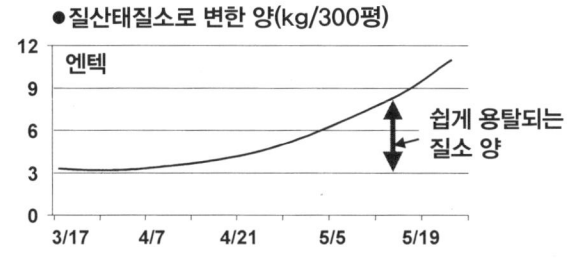

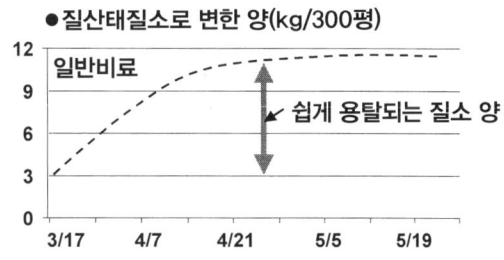

효과도 좋고 노동력도 절감되고 환경에도 좋겠네요?

그렇습니다. 질소비료는 토양에서 질산화가 급속하게 일어나기 때문에 효과가 오래가지 않고 자주 주어야 하는 불편함과 환경을 오염시키는 단점이 있었습니다.
그러나 질산화억제 비료는 적은 양으로도 효과가 오래가고 환경을 오염시키지 않는 장점이 있습니다.

고체, 액체, 기체를 돌아다니는 질소(1)

유기질비료와 퇴비는 모두 미생물이 작용하여 암모늄태와 질산태로 변하기 때문에 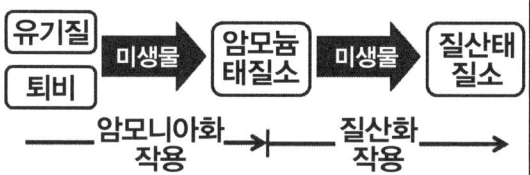	온도, 탄질비, 수분 등의 조건에 따라 질산태로 변하는 기간이 달라지며 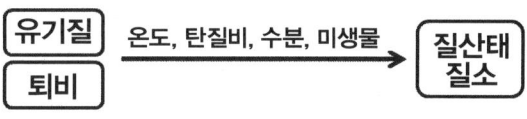
온도가 낮고 탄질비가 높으면 미생물의 생육 조건이 불량하여 질산태로 변하는 속도가 아주 느려집니다. 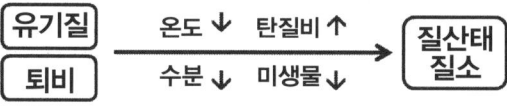	농가에서 많이 만들어 사용하는 생선액비도 미생물에 의해 암모니아화작용, 질산화작용을 거치는데 
생선에는 탄소원이 적고 미생물이 적어 당밀 또는 설탕과 미생물을 넣어주는 것입니다. 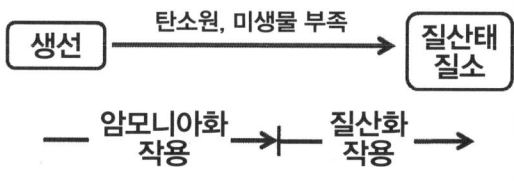	그래서 유기질과 화학비료 질소의 가장 큰 차이는 속효성이냐 지효성이냐에 있습니다. 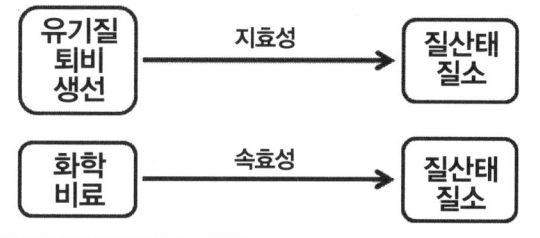

결국 유기질과 화학비료의 가장 큰 차이는 액체의 질소로 변하는 속도군요.

예, 그렇습니다. 유기질비료와 화학비료의 질소는 모두 암모늄태와 질산태로 변하여 작물에 흡수되며, 가장 큰 차이는 속효성이냐 지효성이냐에 있습니다. 그래서 화학비료와 유기질비료의 적절한 조화가 중요합니다.

고체, 액체, 기체를 돌아다니는 질소(2)

공기 중의 질소도 뿌리혹박테리아가 액체에 녹아 있는 암모늄태로 바꾸어주어 식물이 흡수합니다.

유기질비료의 단백질이 액체의 암모늄태로 변하는 것을 무기화작용이라고 하고

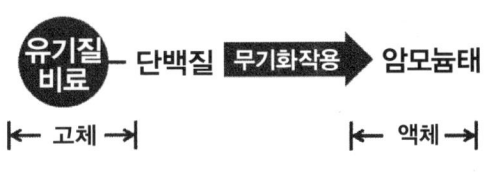

화학비료의 질소가 암모늄태로 변하는 것을 용해작용이라고 하고

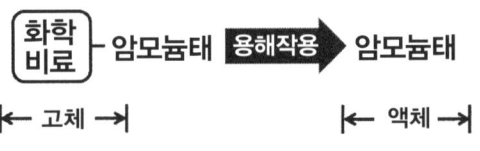

공기 중의 질소가 암모늄태로 변하는 것을 고정화작용이라고 합니다.

화학비료와 유기질비료에서 변한 암모늄태가 다시 질산태로 변하는 것을 질산화작용이라고 하고

식물이 흡수하면 원래의 아미노산을 거쳐서 단백질로 되돌아옵니다.

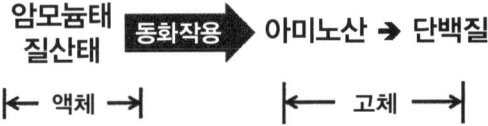

으음, 질소는 결국 돌고 도는군요.

예, 그렇습니다. 질소는 작물에 가장 중요한 양분인데, 물, 미생물, 토양 조건에 따라 고체, 액체, 기체로 변하기 때문에 이해하는 데 어려움이 많고 잘못된 지식을 갖게 되는 경우도 많습니다. 특히 질소는 액체 속의 질소여야만 물에 녹아 작물이 이용할 수 있습니다.

질소비료가 단백질이 되기까지

모든 비료의 질소는 식물에 흡수되어 여러 과정을 거쳐서 단백질로 합성되는데

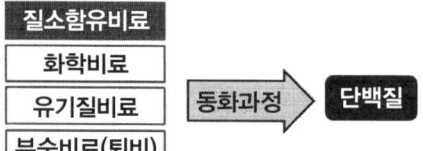

비료 또는 토양에 있는 질산과 암모늄은 뿌리로 흡수되어 엽육세포로 이동하여 유기산과 결합하여 아미노산을 생성하고

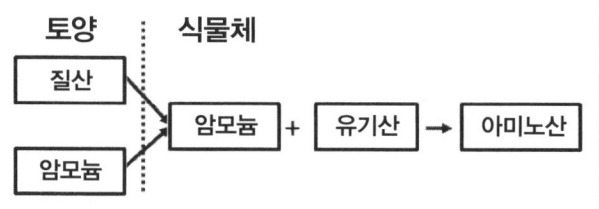

20개의 아미노산은 식물 DNA 정보에 따라 각종 단백질로 합성됩니다.

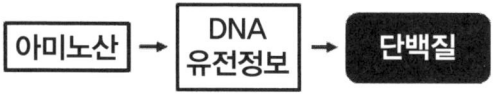

전체적으로 설명하면, 모든 비료에 있는 질소는 토양에서 암모늄(NH_4^+)과 질산(NO_3^-)으로 변하고 뿌리는 암모늄과 질산을 흡수하여 잎으로 이동시켜 암모늄으로 변화시킵니다. 그 후에 글루탐산탈수소효소에 의해 아미노기(NH_2)를 만든 후에 식물에 이미 만들어져 있는 유기산들과 결합하여 아미노산을 만들고 다시 아미노산이 모여 단백질을 합성합니다.

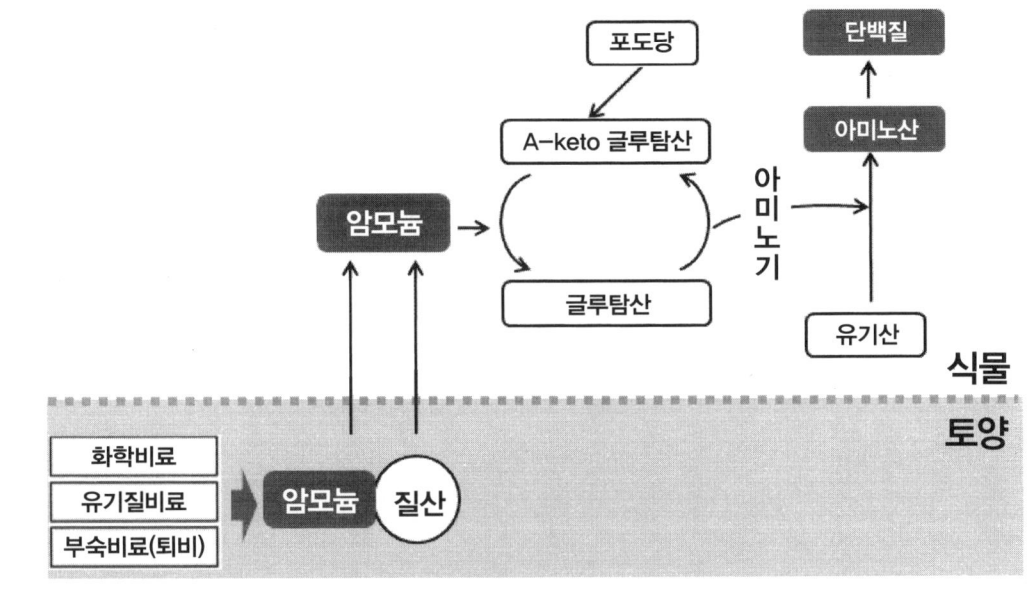

대부분의 식물은 암모늄과 질산을 모두 잘 흡수하지만 벼와 차나무는 암모늄태질소를 선호하고

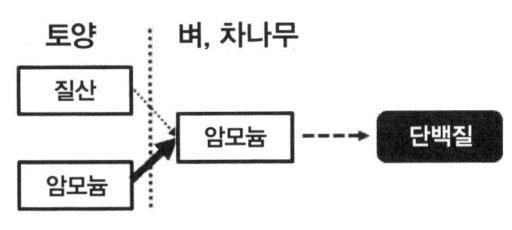

일반 밭작물은 질산태질소를 더 선호하는 경향이 있습니다.

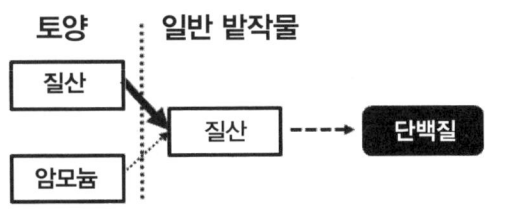

아하, 모든 비료에는 질소가 얼마나 함유되었는지 봐야 되겠네요?

예, 그렇습니다. 식물세포 원형질의 7~10%는 단백질로 모든 영양분 중에서 함량도 많고 가장 중요합니다. 질소함량은 화학비료는 10~20%로 다양하고, 유기질비료 5% 내외, 부숙비료 1% 내외로 함유되어 있습니다. 비료를 구입할 때는 항상 질소함량이 얼마인지를 확인하는 것이 좋습니다.

요소비료는 왜 속효성일까

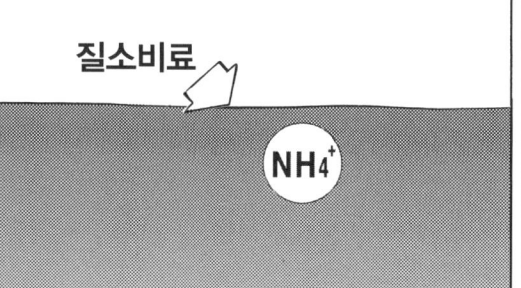
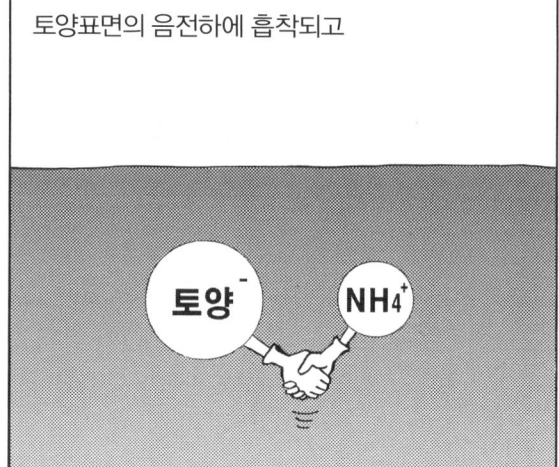
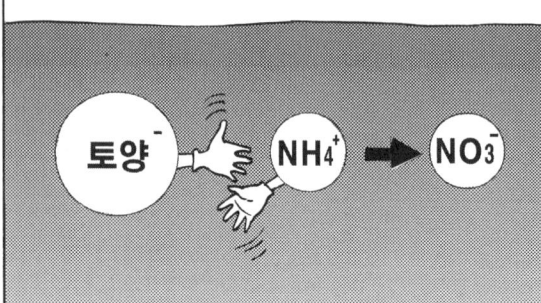

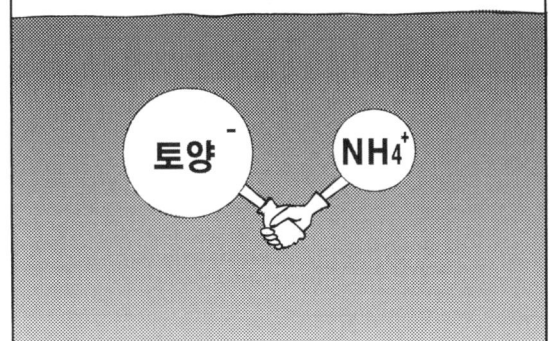

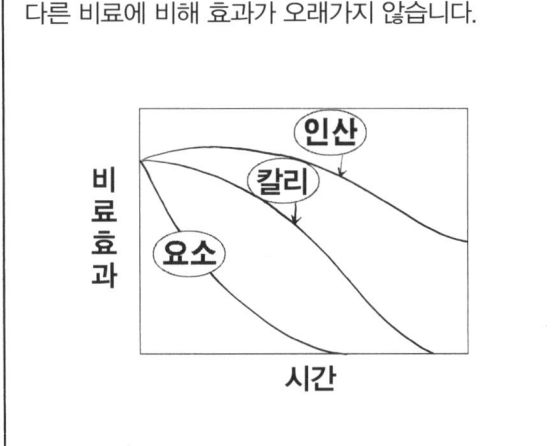

:::: 질소비료를 나누어 주는 이유

이상한 게 있어. — **뭐가~?**

인산비료는 처음에 한 번 주고 말잖아. — **그렇지.**

칼리비료도 그렇잖아. — **으응**

그런데, 질소비료는 왜 여러 번에 나누어 주어야 되는 거지? — **한 번에 주면 편할 텐데….**

인산비료(PO_4)는 토양에 들어가면 물에 녹아 일부는 토양에 있는 알루미늄(Al)과

반응하여 침전되고 일부는 서서히 작물에 이용되며,

칼리(K^+)는 토양 음이온과 반응하여 토양에 흡착되기 때문에

물에 쉽게 용탈되지 않고 토양에 있다가 작물에 흡수됩니다.

그러면 질소비료는요?	질소비료는 토양에 들어가면 먼저 암모늄태(NH_4) 질소로 변하여 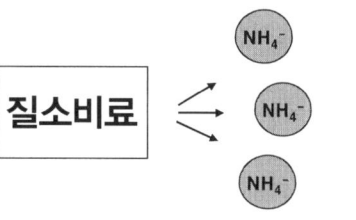
일부는 토양의 음전기에 흡착되고 일부는 작물이 흡수하는데 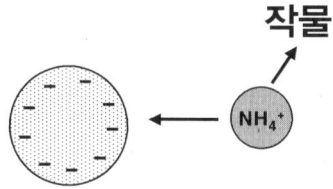	토양에 흡착된 암모늄태 질소는 1 ~ 2주일 내에 질산태(NO_3)로 변하고 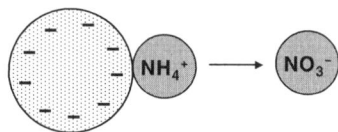
질산태 질소는 토양 음이온과의 반발력 때문에 토양에 유지되지 않고 물과 함께 용탈됩니다. 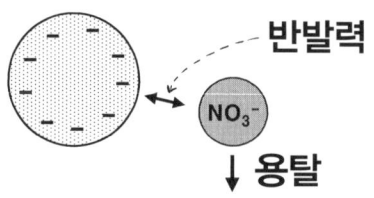	그래서 같이 비료를 주더라도 인산과 칼리는 토양에서 오래 유지되지만 질소는 빨리 줄어듭니다. 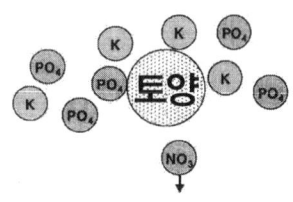
아하, 비료를 주는 시기가 다른 것도 다 이유가 있군요.	비료를 언제 얼마나 몇 번으로 나누어 주어야 하는지 등은 오랫동안 연구를 통해 알아낸 것들입니다.

변장에 능한 질소

다시 니트로박터(Nitrobacter)균이 질산태로 만들기 때문입니다.

반면에 논토양에서는 산소가 부족하여 질산환원균이 많기 때문에 밭토양과는 반대로 질산태가 아질산태로 변하고

아질산태는 다시 산화질소(NO)로 변하고

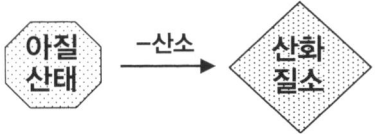

산화질소는 질소가스(N_2)로 변하여 공기 중으로 날아가버립니다.

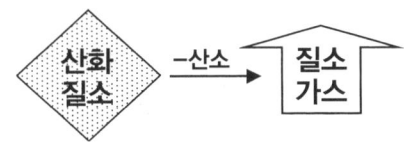

결국 유기물이나 화학비료의 질소는 형태를 바꾸면서 식물에 이용되기도 하고 물과 함께 용탈되기도 하고 다시 질소가스가 되어 공기로 날아가기도 합니다.

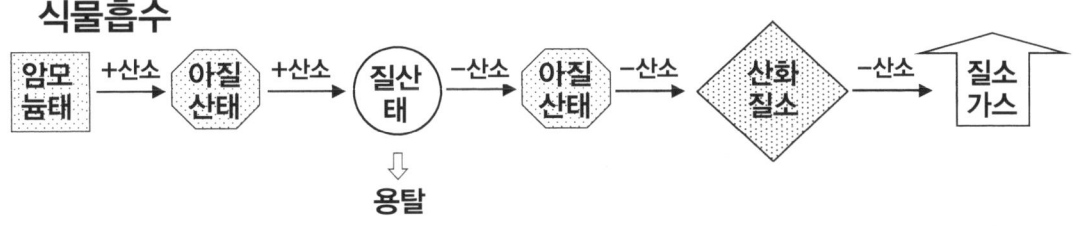

비료를 잘 주려면 비료에 대한 지식이 풍부해야 되겠네요?

그렇습니다. 비료를 사용하는 농가나 공급하는 업자도 비료에 대한 정확한 지식을 갖고 있어야 합니다. 특히 비료 가격이 높아지고 있기 때문에 헛되게 비료를 사용하지 않도록 점차 토양과 비료에 대한 지식을 쌓아가야 합니다.

질소비료를 웃거름으로 주어야 하는 이유

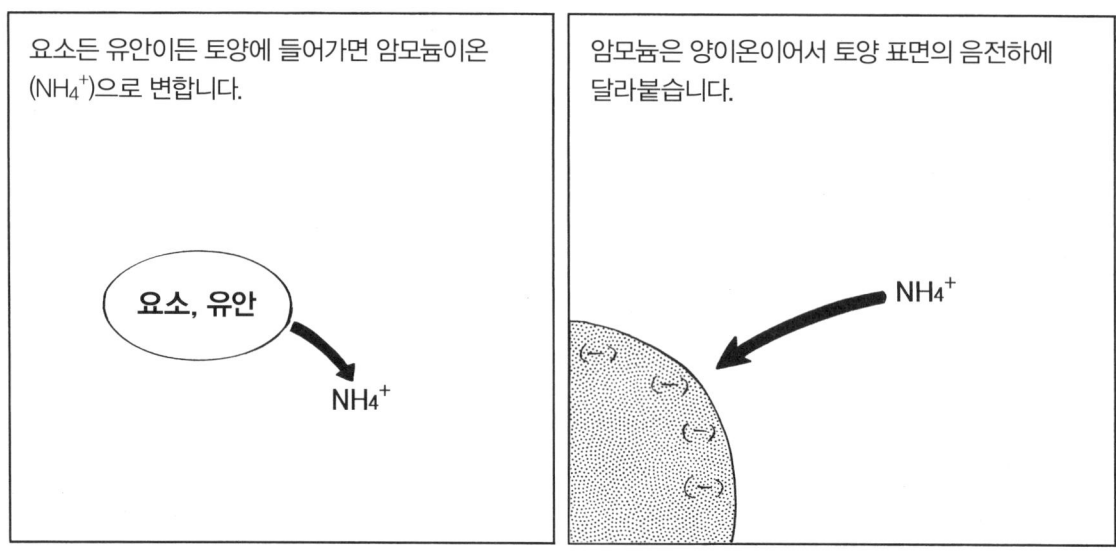

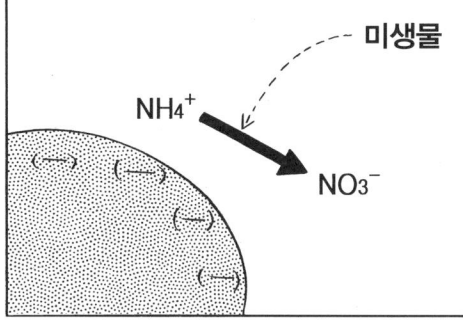

토양 표면의 암모늄은 미생물에 의해 쉽게 질산태(NO_3^-)로 변합니다.

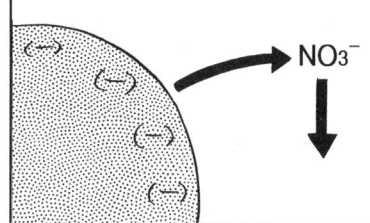

질산태는 음전하를 갖고 있어서 토양 표면의 음전하와 반발력이 생겨 쉽게 떨어져나갑니다.

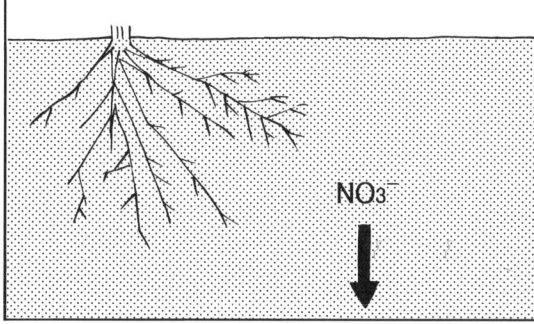

떨어져나간 질산태는 빗물과 함께 쉽게 뿌리로부터 멀어집니다.

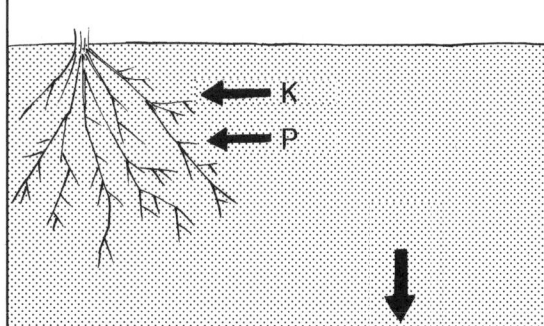

반면에 칼륨(K)과 인산(P)은 토양 표면에 붙어 있어서 뿌리가 흡수할 수 있지만 질소는 부족한 상태가 됩니다.

비료를 단순히 뿌려주기만 하면 되는 것이라고 생각해서는 안 됩니다.

비료 성분이 토양에서는 어떻게 변하고 이동하여 작물에 흡수되는지를 생각해야 합니다. 웃거름으로 질소비료가 필요한 것은 토양에서 쉽게 밑으로 이동하여 뿌리가 흡수할 수 없기 때문에 부족한 질소를 보충해주기 위한 것입니다.

질소비료는 어떻게 만드나

질소비료는 1915년에 대기의 80%를 차지하는 질소를 이용한 암모니아 합성법이 개발되면서 이용이 시작되어

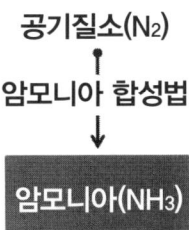

지금은 나프타와 천연가스로부터 요소와 유안비료를 만드는 원료가 되는 암모니아를 생산합니다.

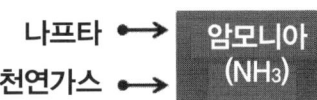

암모니아는 다시 이산화탄소를 2:1로 혼합하고 고온 고압에서 반응시켜 요소로 제조되고,

유안비료는 암모니아에 황산을 첨가시켜 여러 반응을 거쳐서 제조합니다.

과거에는 암모니아를 국내에서 생산했지만 지금은 연간 약 100만 톤을 수입하여 요소와 유안 생산 원료로 사용하는데

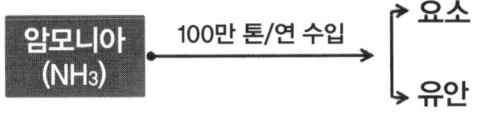

암모니아 수입가격이 2011년에는 2008년에 비해 3배 가까이 높아졌습니다.

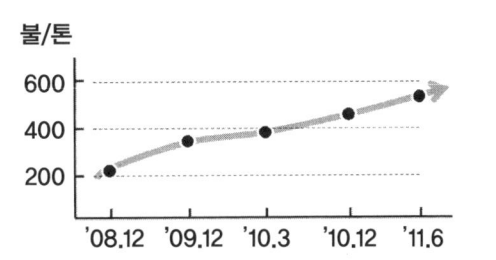

아, 질소비료가 이런 면도 있었군요.

예, 그렇습니다. 농산물 소비자가 재배 과정을 알고 싶듯이 농업인들도 어떤 과정을 거쳐서 비료가 만들어지는지 관심을 가져야 합니다. 그래야 비료에 대한 정확한 정보를 알 수 있습니다.

제3부 인산비료 이해하기

:::: 인산비료의 종류와 특성

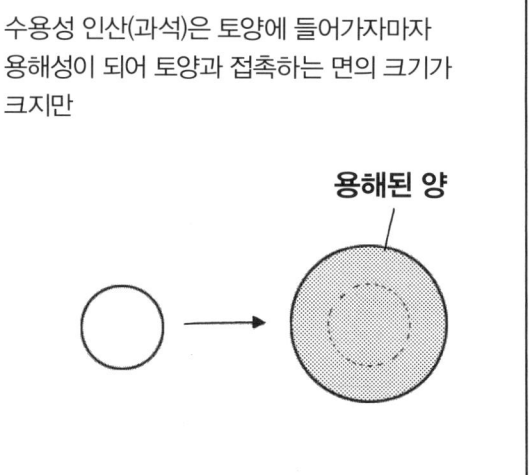

구용성 인산(용성인비)은 토양에 들어가서 용해되는 양이 적습니다.

구용성 인산은 산성토양과 개간지 토양에 많은 알루미늄(Al)과 철(Fe)이 반응하여

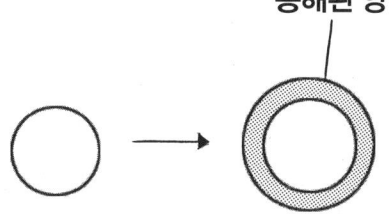

작물이 흡수할 수 없는 불용성으로 변하는 것을 막기 위한 것입니다.

불용성 인산

그래서 토양에 맞게 인산비료 종류를 선택하는 것이 현명합니다.

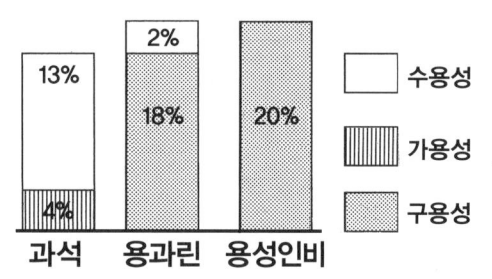

〈일반토양〉 〈산성토양, 개간지〉

수용성 / 가용성 / 구용성

과석 / 용과린 / 용성인비

인산비료는 토양에 맞게 골라서 사용하도록 세 가지 종류로 만들어졌습니다.

일반토양에서는 용해가 잘되는 수용성인 과석이, 산성이거나 알루미늄이 많은 토양에는 서서히 용해되는 구용성인 용성인비가 적절합니다. 물론 주문비료를 구입할 때도 이런 성질을 감안하는 것이 현명하게 비료를 선택하는 방법입니다.

인산비료 제조과정과 차이

인광석은 두 가지 방법으로 구용성과 가용성 인산비료를 만드는데

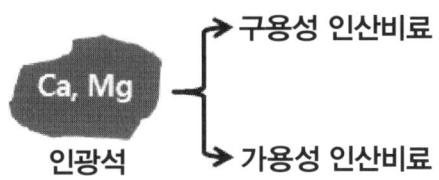

구용성인 용성인비는 분말 인광석과 사문암을 혼합하여 열을 가하여 만들고

주로 인산고정력이 큰 개간지와 화산회토에 사용합니다.

논토양과 일반 밭토양에 사용하는 가용성 인산비료는 인광석에 황을 첨가하여 만드는데

이때 인광석의 칼슘(Ca)과 황(S)이 반응하여 또 다른 비료인 칼슘유황비료가 생산됩니다.

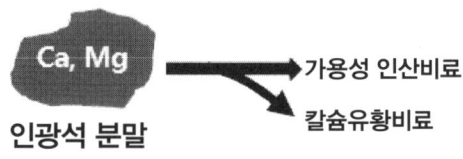

이렇게 만들어진 인산비료는 복합비료와 맞춤비료를 생산하는 데 원료로 이용됩니다.

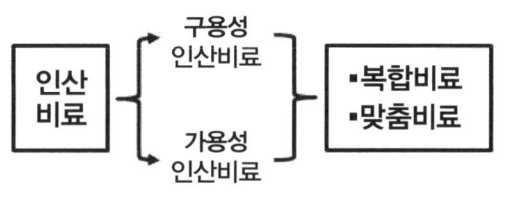

으흠, 복합비료와 맞춤비료의 인산에 대해서도 관심을 가져야겠네요.

예, 인산비료는 사용 목적에 따라 개간지와 화산회토에는 구용성인 용성인비가 좋고, 일반 밭토양이나 논토양에는 가용성 인산이 함유된 복합비료나 맞춤비료를 사용하는 것이 좋습니다. 인산비료는 종류에 따라 용해도와 효과 차이가 큰 비료입니다.

인산이 과잉이면 붕소가 결핍된다

국립농업과학원 조사자료에 따르면, 논토양은 인산함량이 크게 증가하지 않아 붕소결핍 우려가 적지만	밭토양은 인산함량이 높고
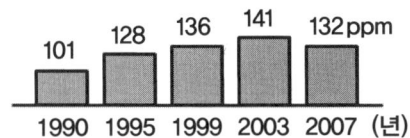 101, 128, 136, 141, 132ppm (1990, 1995, 1999, 2003, 2007)	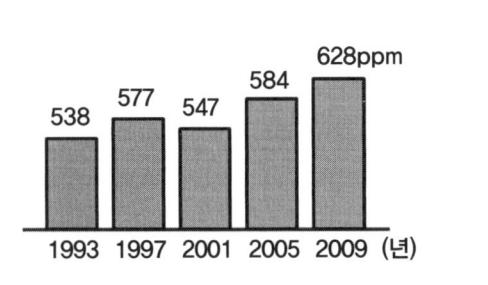 538, 577, 547, 584, 628ppm (1993, 1997, 2001, 2005, 2009)
과수재배지 토양도 인산함량이 많고	시설재배 토양은 1,000ppm(=mg/kg)이 넘습니다.
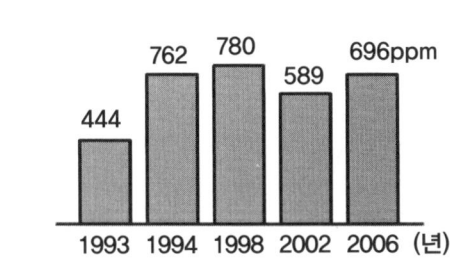 444, 762, 780, 589, 696ppm (1993, 1994, 1998, 2002, 2006)	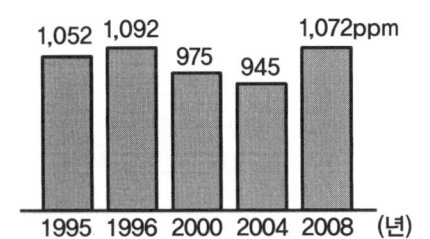 1,052, 1,092, 975, 945, 1,072ppm (1995, 1996, 2000, 2004, 2008)
인산과 붕소는 용해도 곡선도 비슷하기 때문에 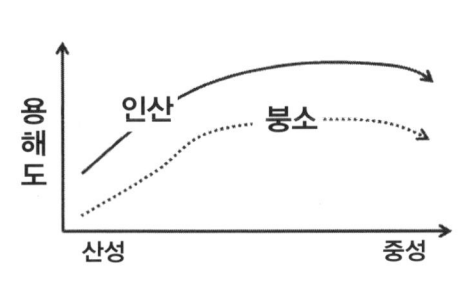	인산함량이 높은 밭, 과수원, 시설재배 토양에서는 붕소흡수가 저해될 수 있습니다. 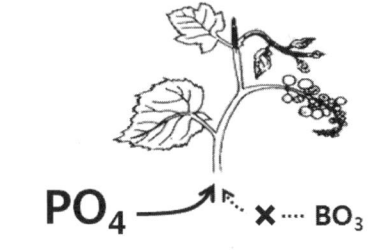 PO_4 → × ···· BO_3

으흠, 토양인산함량이 높은지 낮은지를 확인해야 되겠네요.

예, 붕소는 과실의 품질과 밀접한 관계를 갖고 있습니다. 붕소흡수량이 적어지면 오이의 뒤틀림현상이 나타나는 등 과실의 모양이 나빠지고 근채류의 속썩음병이 나타나기도 합니다. 그래서 농업기술원과 기술센터에서 토양분석한 자료를 참고하여 인산이 많으면 붕소결핍을 염두에 두어야 합니다.

인산 종류에 따라 맞춤비료 효과도 다르다

맞춤형 비료는 질소, 인산, 칼리비료를 배합하여 만드는데

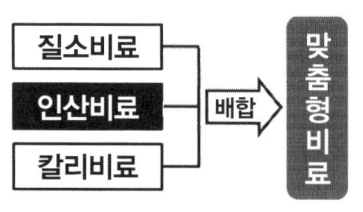

그중에 인산 배합원료는 용성인비와 가용성 인산이 있으며,

인산비료 배합원료

- 용성인비 : 구용성 인산함유
- 가용성 인산비료 : 수용성 또는 가용성 인산

어떤 인산을 배합했느냐에 따라 효과가 달라집니다.

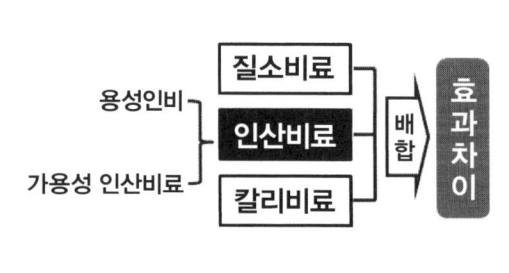

인산비료는 두 가지가 있는데, 용성인비는 인광석과 사문암을 혼합하여 고온으로 가열과정을 거쳐서 분쇄하여 만드는데 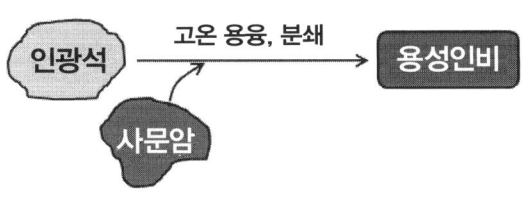	구용성이어서 용해도가 낮고 토양 중의 탄산, 뿌리산 등에 의해 서서히 녹아 작물에 이용되는 지효성입니다. 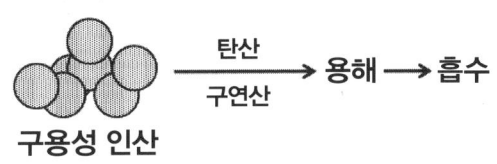
가용성 인산은 인광석에 황을 첨가하여 인광석 중의 인산을 용해시켜 만드는데 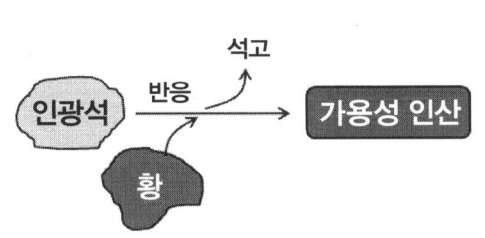	물에 잘 용해되는 성질을 갖고 있어서 효과가 빠르게 나타납니다. 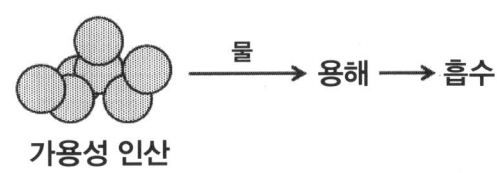
그래서 용성인비로 맞춤비료의 인산비율을 맞추면 효과가 느리고 오래가고 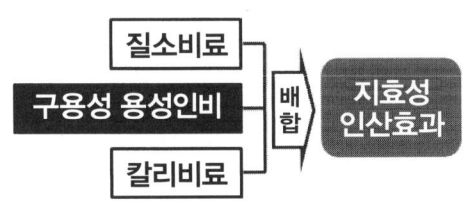	가용성 비료를 사용한 맞춤비료는 효과가 빠르게 나타납니다. 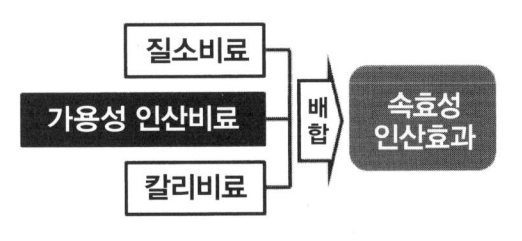
벼농사에서 인산은 초기에 뿌리에 필요한 비료잖아요?	예, 그렇습니다. 인산비료는 발근에 효과가 큰 비료로 논에 사용할 때는 뿌리 발육을 필요로 하는 생육 초기에 많이 흡수됩니다. 그래서 맞춤형 비료에 사용되는 인산비료가 어떤 종류인지를 알고 선택하는 것이 현명합니다. 

:::: 인산이 적은 비료를 써야 하는 이유

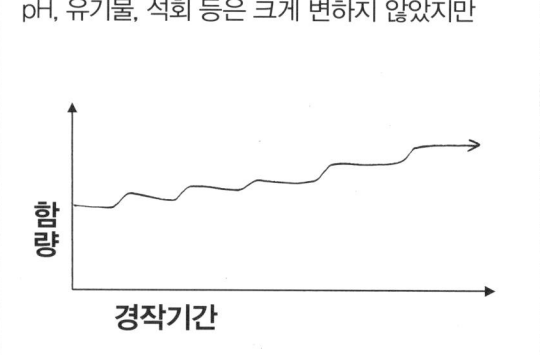

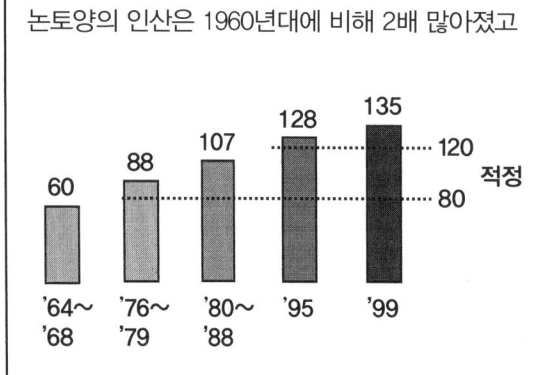

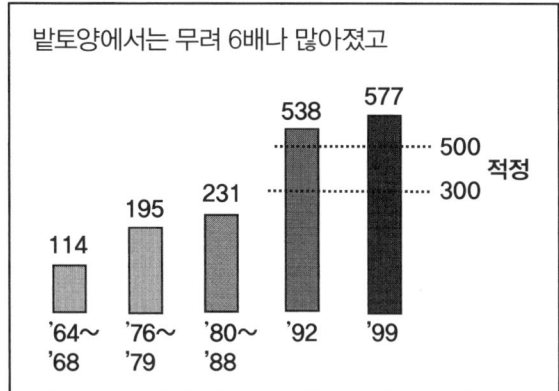
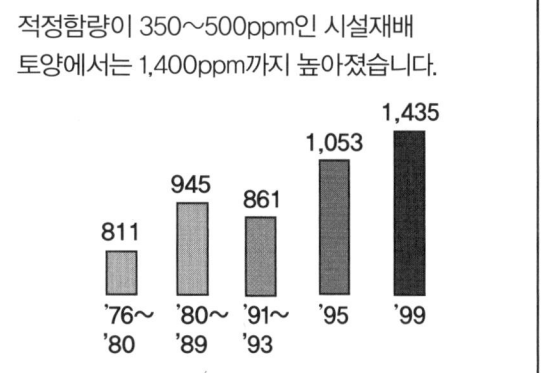

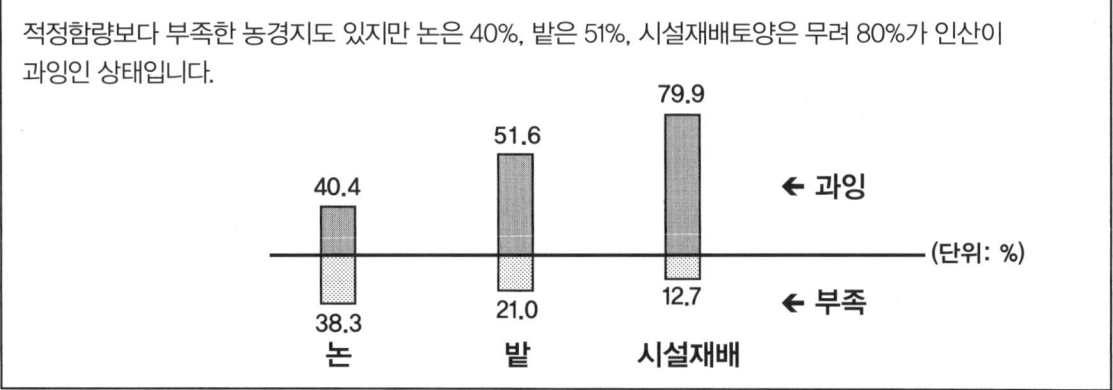

제4부 칼리비료 이해하기

:::: 칼리비료의 종류

칼리비료는 작물의 양분인 양이온성(+) 칼리성분(K)에 다른 음이온성(-) 성분이 결합되는데

$$K^+ \;+\; 음이온성분^-$$

칼리 외의 음이온 종류에 따라 작물에 양분으로 이용되는 것이 있고 토양에 집적되는 것도 있습니다.

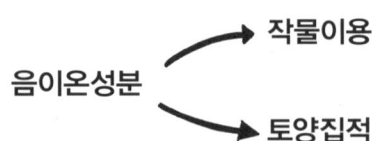

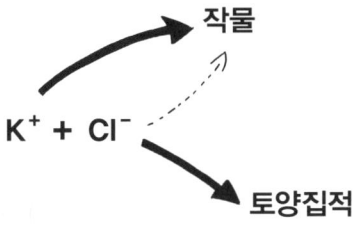
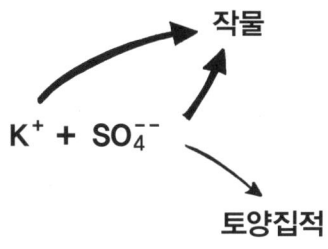
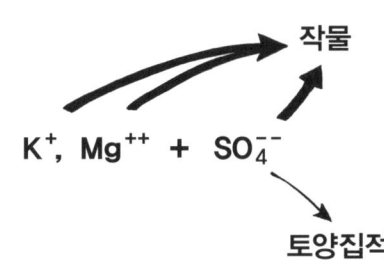
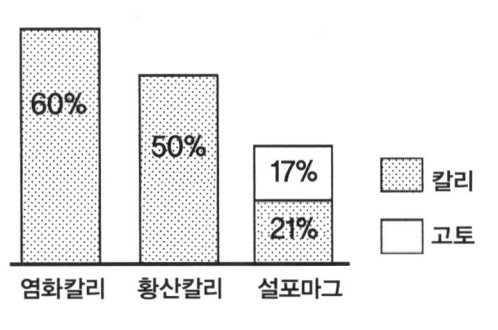

염화칼리와 황산칼리의 차이

황산칼리도 물에 녹아 칼리는 작물에 이용되고

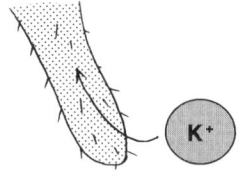

밭에서는 황산이온도 작물에 흡수되어 단백질을 만들지만

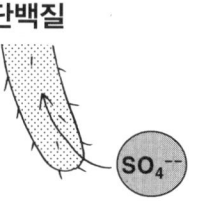

논에서는 벼에 이용되지 못하고 황화물을 형성하여

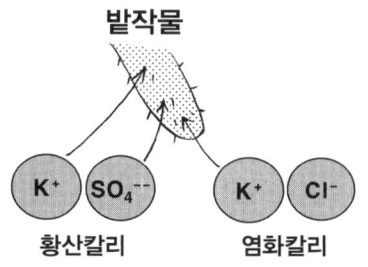

벼 뿌리가 호흡하고 양분을 흡수하는 데 나쁜 역할을 합니다.

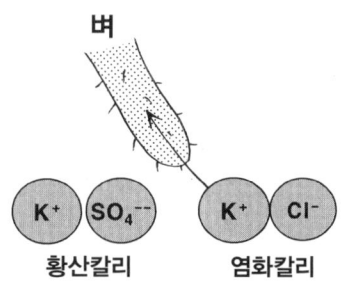

그래서 밭작물에는 황산칼리를 주어야 칼리와 황의 효과가 좋지만 논에서는 염화칼리를 사용하는 것이 좋습니다.

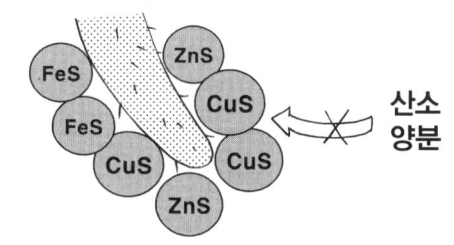

논이나 밭이냐에 따라 칼리비료를 구별해서 주어야 좋겠네요?

그렇습니다. 논에서는 염화칼리가 좋지만 밭에서는 황산칼리를 사용하는 것이 작물에 좋습니다. BB비료(주문비료)도 밭작물에는 황산칼리가 혼합된 것을, 벼에는 염화칼리가 혼합된 것을 사용하는 것이 좋습니다.

염류집적 줄이는 칼리비료 사용법

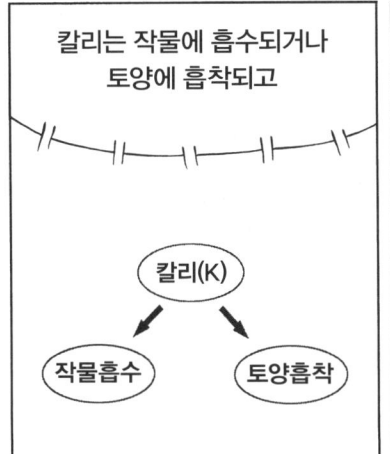
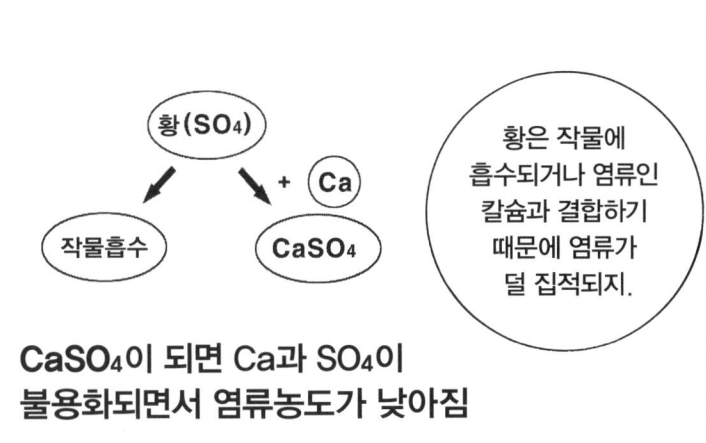

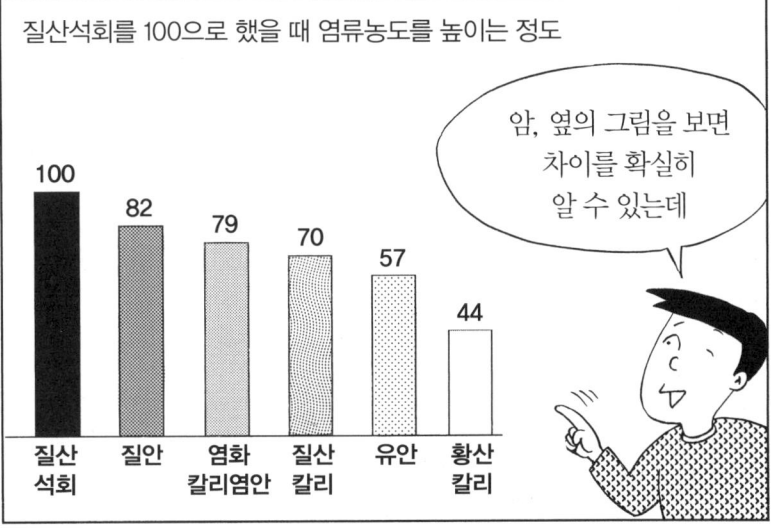

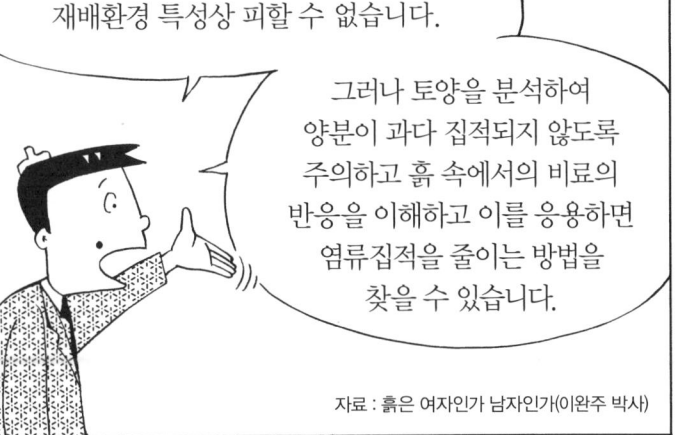

하우스토양의 말썽꾸러기 염류집적

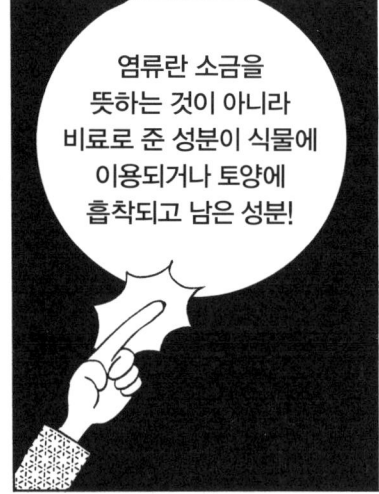
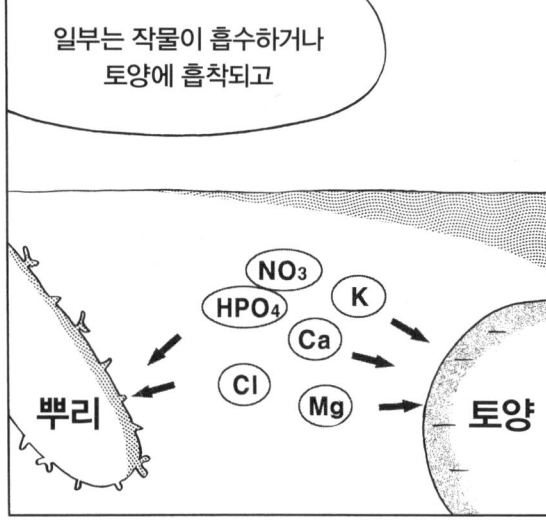
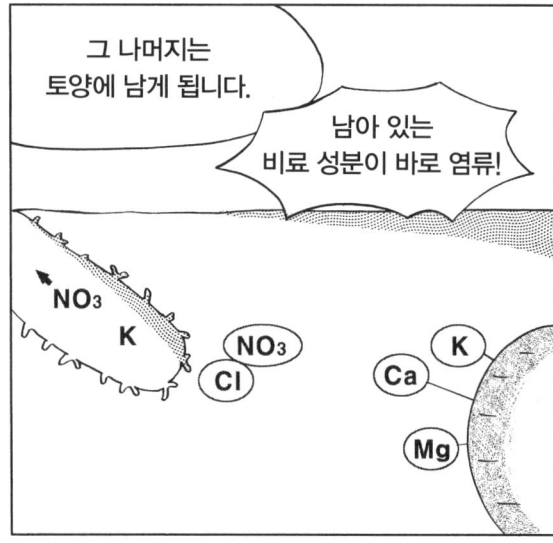

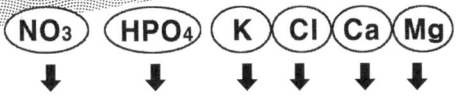
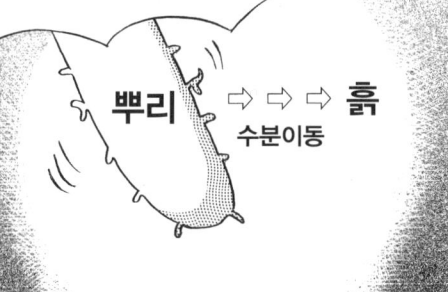

제5부 다량원소 이해하기

석회가 부족하면 식물에는 어떤 현상이 나타날까

결핍이 많이 나타나는 과일이 토마토와 사과인데

석회 결핍이 병을 일으키는 과일

과일은 성장함에 따라 수산(蓚酸·옥살산)이 만들어지기 때문에 석회가 들어가야만 중화되어 독이 없어지지만

$$\begin{array}{c} COOH \\ | \\ COOH \end{array} + Ca \longrightarrow 중화$$

(수산 = 옥살산)

석회가 부족하고 온도가 높고 날씨가 좋아 수산이 계속 많아지면

$$\begin{array}{c} 온도, 날씨 \\ + \\ Ca\ 부족 \end{array} \longrightarrow \begin{array}{c} COOH \\ | \\ COOH \end{array} \text{(과일에 수산 과다)}$$

토마토에는 배꼽썩음병이,

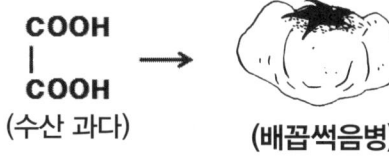

(수산 과다) → (배꼽썩음병)

사과에는 고두병(bitter pit)이 발생하기 쉽습니다.

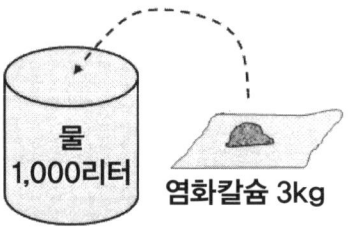

(수산 과다) → (고두병)

과일마다 처방이 조금씩 다르지만 염화칼슘($CaCl_2$) 0.3% 용액을 살포하면 병이 줄어들기도 합니다.

물 1,000리터 ← 염화칼슘 3kg

석회질비료를 주는 습관을 들이는 것이 좋겠네요?

그렇습니다.
우리나라 토양은 원래 석회가 부족한 산성토양입니다.
석회고토를 주는 것을 게을리하면 토양의 양분불균형 뿐만 아니라 과일이 정상적으로 자라지 못하고 병에 걸리는 경우가 많습니다.

왜 석회비료는 먼저 주어야 하나

석회질비료는 칼슘(Ca)이 많이 들어 있는 비료인데

석회질비료 종류
- 소석회 : $Ca(OH)_2$
- 석회석 : $CaCO_3$
- 석회고토 : $CaCO_3 \cdot MgCO_3$
- 생석회 : CaO

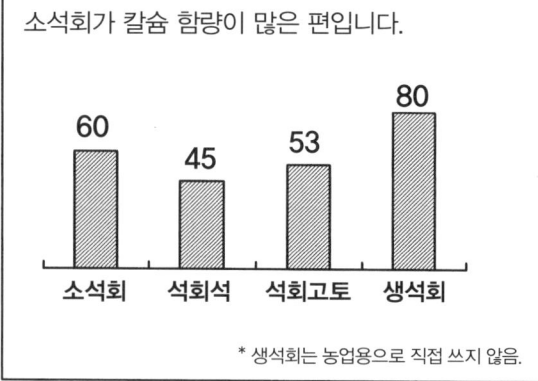

소석회가 칼슘 함량이 많은 편입니다.

소석회 60, 석회석 45, 석회고토 53, 생석회 80

* 생석회는 농업용으로 직접 쓰지 않음.

질소비료는 질소(N)가 많이 들어 있는 비료인데

질소비료 종류
- 유안 : $(NH_4)_2SO_4$
- 요소 : $(NH_2)_2CO$
- 염화암모늄 : NH_4Cl
- 질산암모늄 : NH_4NO_3
- 석회질소 : $CaCN_2$
- 암모니아수 : NH_4OH

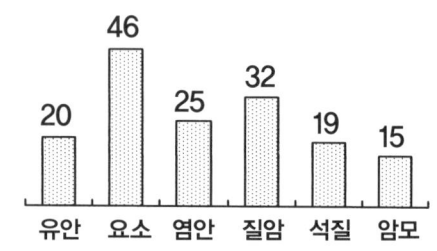

요소의 질소 함량이 가장 많은 편입니다.

유안 20, 요소 46, 염안 25, 질암 32, 석질 19, 암모 15

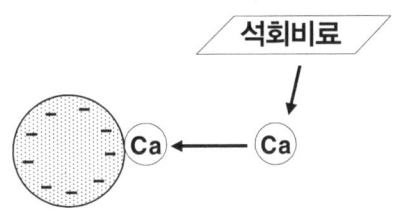
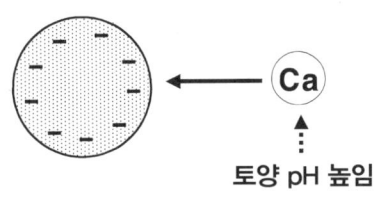
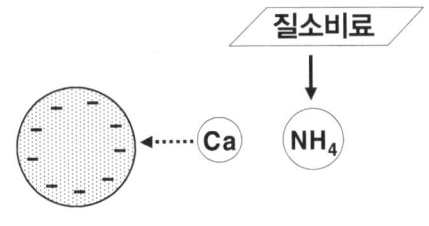
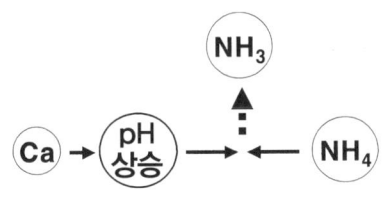
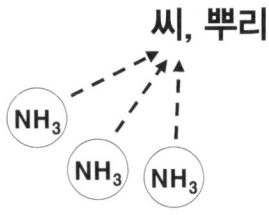

석회비료 종류 알기

농업용으로 사용하는 석회질비료도 여러 종류가 있는데 **석회질비료** • 소석회 • 석회석 • 석회고토 • 부산소석회 • 부산석회 • 패화석 • 생석회	생석회, 소석회, 석회석, 석회고토비료는 석회석과 백운석으로 제조하며 석회석 백운석 → ■ 생석회 ■ 소석회 ■ 석회석 ■ 석회고토 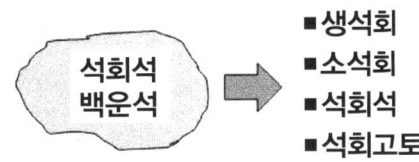
패화석은 굴껍데기, 조개류 등을 원료로 만들고  → 패화석	부산석회와 부산소석회는 석회석을 산업적으로 사용하고 나오는 부산물을 이용합니다. 
석회질비료의 효과는 알칼리분의 함량에 따라 달라지는데, 알칼리분은 석회와 고토를 합한 함량이며 **알칼리분 함량** = 석회(CaO) + 고토(MgO)	석회질비료 종류에 따라 차이가 큽니다. 소석회 60 석회석 45 석회고토 53 부산소석회 60 부산석회 45 패화석 40
오호, 석회질비료 종류에 따라 제조방법과 효과가 다르네요? 	예, 석회질비료마다 알칼리분 함량이 다르고 효과도 다릅니다. 그래서 농가에서 석회질비료를 선택할 때는 이를 감안해야 합니다. 정부에서 지원해주는 석회고토는 석회(CaO)와 고토(MgO)가 모두 들어 있는 석회질비료입니다. 

석회비료를 주어야 하는 이유

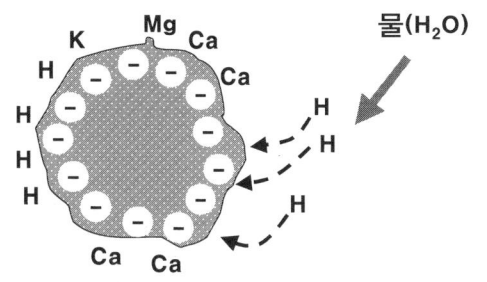
Ca과 Mg이 떨어져 나간 자리에는 수소(H)가 채워져서 토양이 산성으로 변합니다

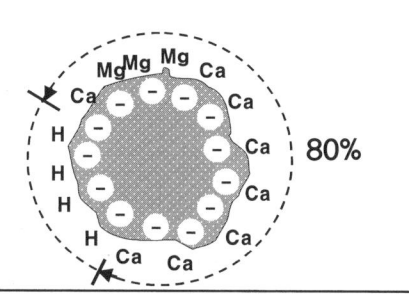
토양표면에 Ca과 Mg이 80% 정도 채워져 있으면 토양이 pH 6.5의 중성토양이 되고

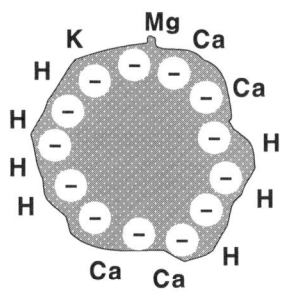
50% 정도만 채워지면 pH 5.5의 산성토양으로 변합니다.

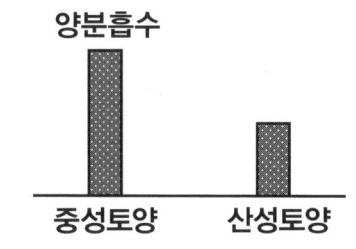
산성토양이 되면 대부분의 식물양분 흡수가 줄어드는데

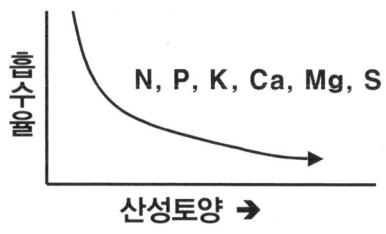
질소, 인산, 칼리, 석회, 고토, 황 등의 비료 흡수율이 낮아지고

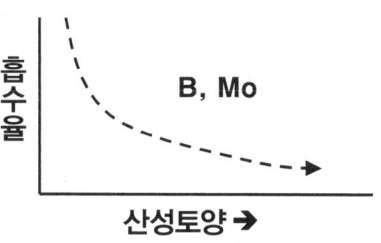
붕소와 몰리브덴 같은 미량원소의 흡수도 낮아집니다.

아하, 석회질비료를 주지 않으면 다른 양분의 흡수가 낮아지는군요.

그렇습니다. 우리나라 토양은 산성암인 화강암이 풍화되어 만들어진 것이므로 쉽게 산성토양으로 변하여 양분흡수가 낮아집니다. 그래서 항상 토양이 더 산성으로 변하지 않도록 석회고토비료를 주는 것을 잊지 말아야 합니다.

질소·석회 섞어 쓰면 부작용

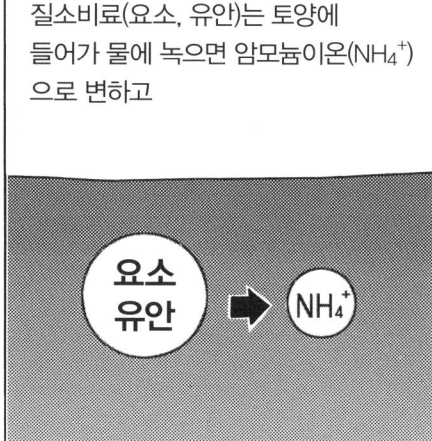

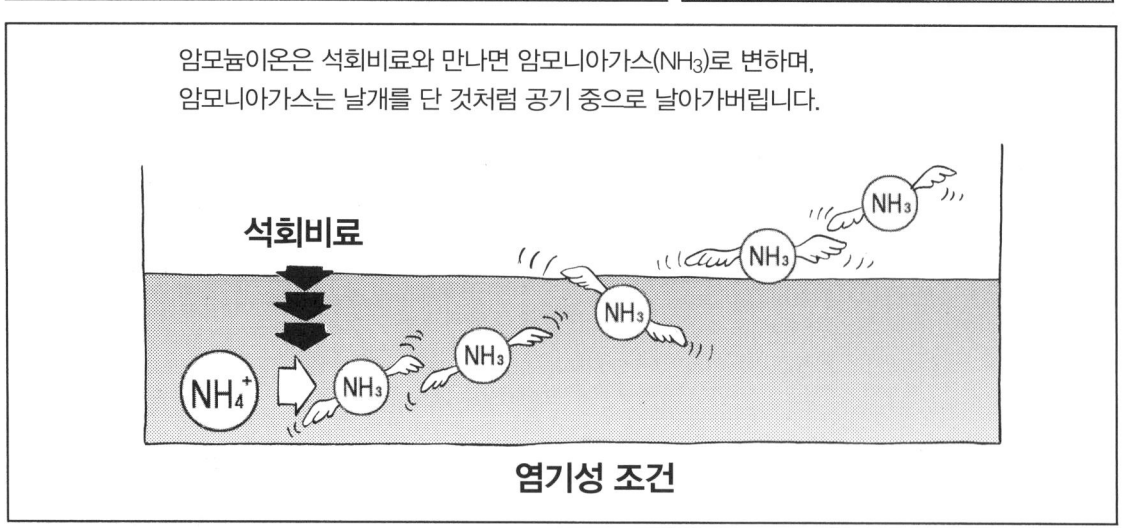

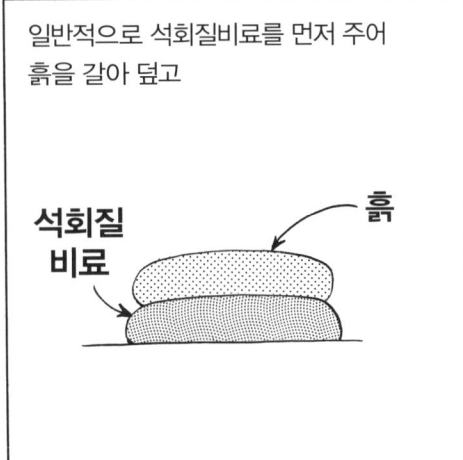
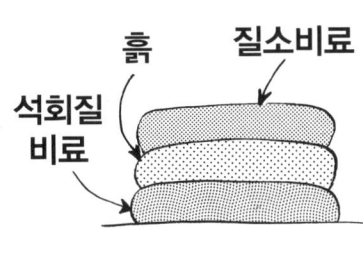

칼슘유황비료란 어떤 비료일까

칼슘유황비료는 칼슘이 23%, 유황이 13% 함유되어 있는데 석고비료라고도 하며

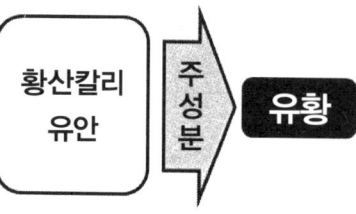

석회질비료의 주요 성분인 칼슘이 함유되어 있고

황산칼리와 유안비료의 장점인 유황이 들어 있습니다.

칼슘이 적은 화강암에서 풍화되어 만들어진 우리 토양에 칼슘을 보충해줄 수 있고

화강암 →풍화→ 칼슘 적은 토양

칼슘이 부족하여 나타나는 사과의 고두병과 토마토의 배꼽썩음병에도 좋습니다.

황은 칼슘과 같이 밭작물에 N, P, K 다음으로 중요한 다량원소인데

다량원소
N → P → K → Ca = S → Mg

식물에 흡수되어 황이 함유된 시스틴, 시스테인, 메티오닌과 같은 아미노산을 만들며(그림은 황함유 아미노산 기본구조)

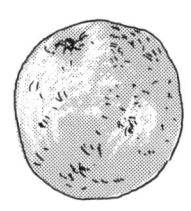

사과, 배, 감귤, 포도 등 과수의 품질과 당도를 높이고

품질향상
황함유 단백질
황 흡수

마늘, 양파 등 양념류 채소의 향기를 높입니다. 황이 부족하면 응애가 많이 발생하기도 합니다.

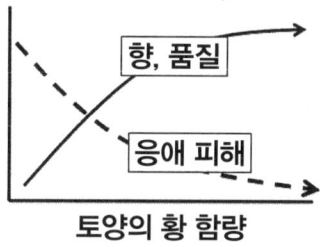

토양의 황 함량

오호, 그래서 칼슘유황비료가 여러 가지 장점이 있군요.

예, 그렇습니다.
우리나라는 그동안 논농사 위주로 농사를 지었기 때문에 황에 대한 관심이 적었는데 모든 밭토양 작물에는 칼슘과 황이 반드시 필요합니다. 특히 품질을 우선으로 하는 지금은 칼슘과 유황을 비료로 사용하는 것이 좋습니다.

밭작물엔 황이 든 비료가 보약

황이 함유된 대표적인 비료로는 유안과 황산칼리가 있는데, 요소와 염화칼리에 비해 질소는 낮고 칼리는 많을 뿐 아니라

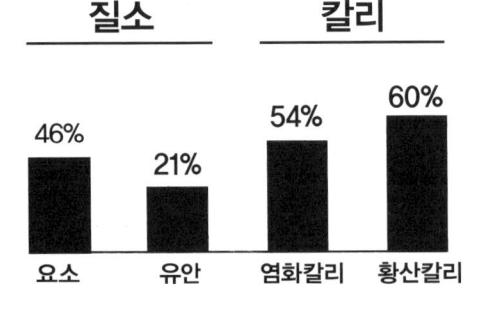

요소와 염화칼리에는 없는 황이 함유되어 있습니다.

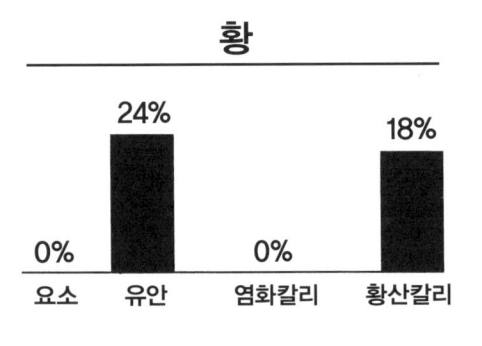

작물에 가장 주요한 3대 필수 원소는 질소(N), 인산(P), 칼리(K),

그다음 중요한 다량원소인 황(S), 석회(칼슘, Ca), 고토(마그네슘, Mg) 중에 으뜸은 황.

밭작물에 황이 든 비료가 좋은 이유

밭작물에서 황(S)은 질소, 인산, 칼리와 함께 4대 원소에 속할 만큼 중요한 다량원소입니다.

● **밭작물의 필요 원소 순서**
$$N \doteq P \doteq K \geq S \doteq Ca \doteq Mg$$

식물 단백질의 1/30 ~ 1/40은 황이 함유된 단백질인데

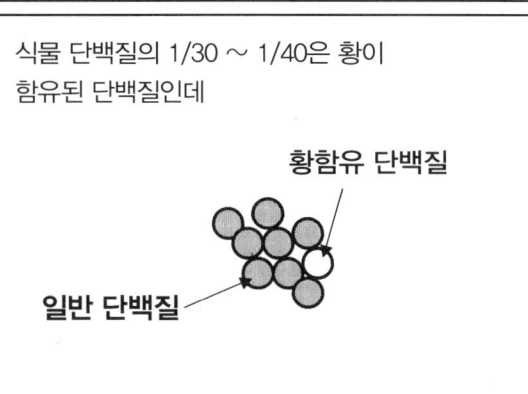

황함유 단백질
일반 단백질

일반 단백질은 질소를 흡수하여 만들어지고 황함유 단백질은 황이 흡수되어 만들어집니다.

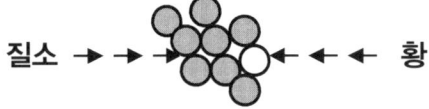

질소 → → ← ← 황

어, 황이 부족하면 단백질도 부족하겠네요?

어떤 문제가 나타나죠?

단백질을 만드는 데 중요한 시스테인과 메티오닌이 줄어들어 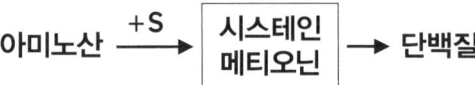	단백질 합성이 억제되기 때문에 엽색이 엷어지고 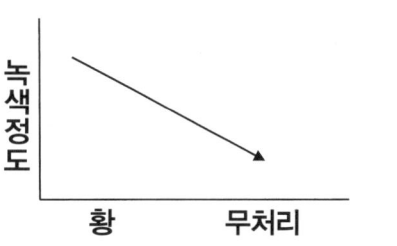
단백질 함량이 적어지고 수량도 적어집니다. 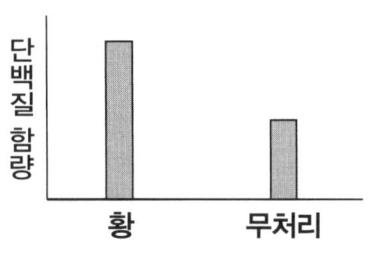	특히 양파나 마늘에 황이 부족하면 설퍼옥시화물이 감소되어 향이 약해져서 품질이 떨어지고 아미노산 + 황 → $R=S=R$ (설퍼옥시화물)

십자화과에 속하는 브로콜리, 양배추, 순무 등에 황이 부족하면 황백화현상이 나타납니다.

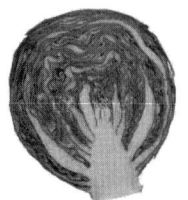   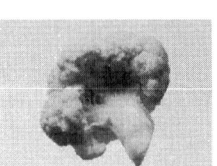

양배추　　**브로콜리**　　**순무**　　**콜리플라워**

그러면 어떻게 해야 좋지요? 	엽채류나 향이 중요한 밭작물에는 복합비료를 사용하거나 맞춤비료를 사용할 때 황이 함유된 비료를 사용하는 것이 좋습니다. 그러나 논에서는 황이 든 비료를 사용하면 안 됩니다. 

엽록소와 헤모글로빈은 사촌 사이

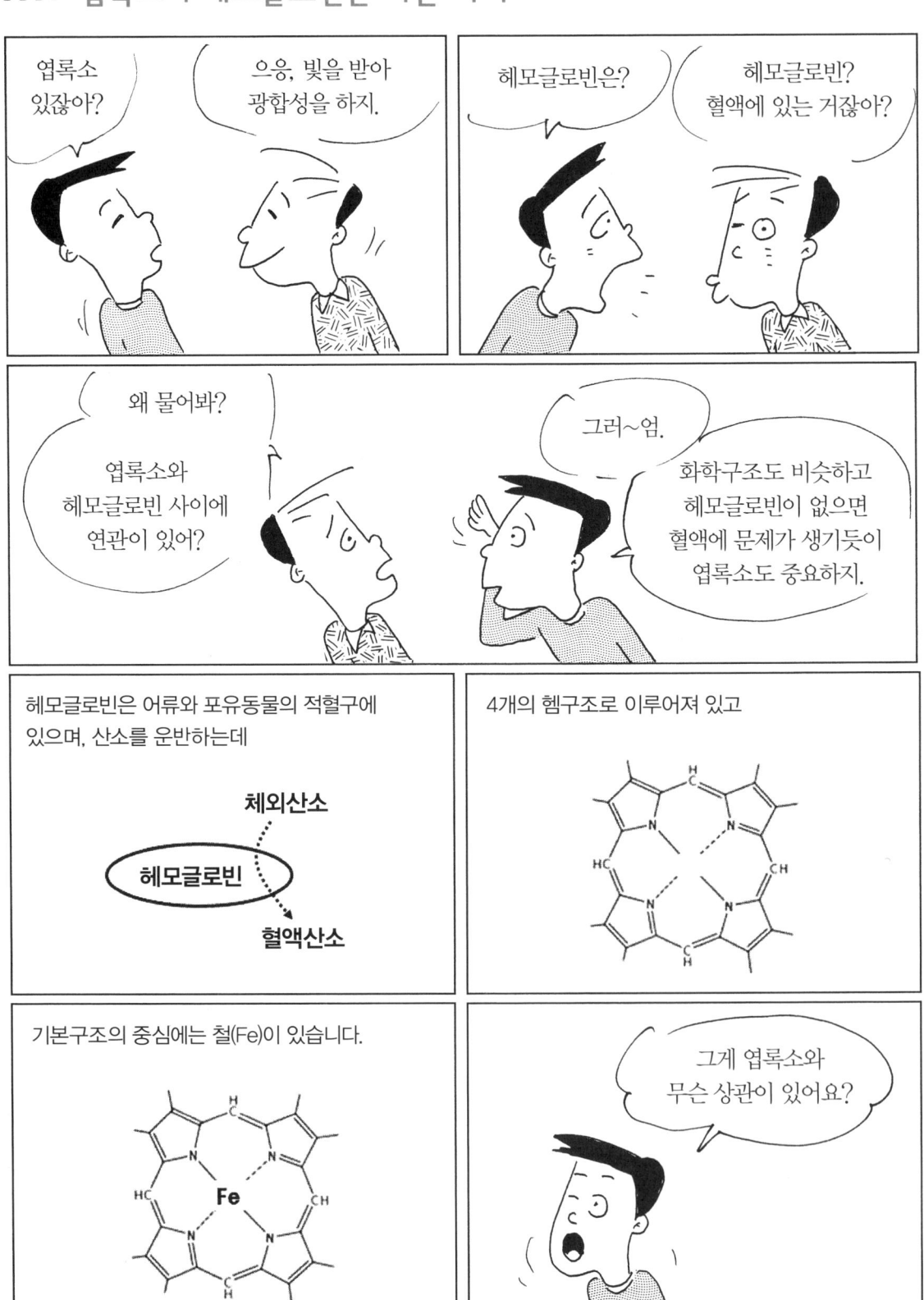

엽록소는 빛을 받아들여 광합성 작용을 하여 포도당을 만드는데

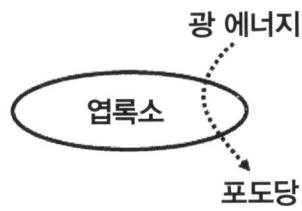

엽록소도 4개의 헴구조로 이루어져 있고

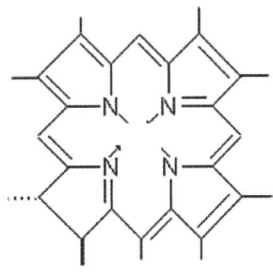

기본구조의 중심에는 마그네슘(Mg)이 있습니다.

결국 포유동물의 헤모글로빈과 식물의 엽록소는 비슷한 구조를 갖고 있습니다.

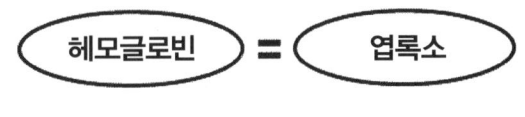

고토비료로는 수용성인 황산고토, 가공황산고토, 고토붕소, 수산화고토 등이 있는데

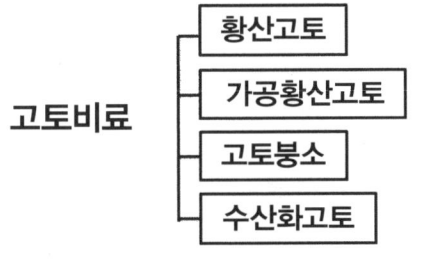

광합성이 필요한 어린잎으로 빠르게 이동합니다.

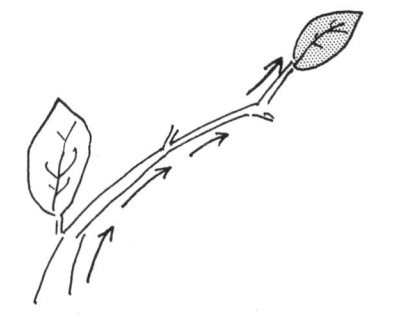

으음, 엽록소와 헤모글로빈은 비슷한 면이 많네요.

예, 그렇습니다.
사람의 몸에 철이 부족하면 빈혈에 걸리듯이 식물에 마그네슘이 부족하면 광합성 능력이 떨어질 수 있습니다.
광합성을 많이 하는 작물에는 마그네슘이 비례하여 필요로 하기 때문에 질소, 인산, 칼리뿐만 아니라 고토에 대한 지식도 갖추어야 합니다.

붕소는 왜 필요할까

붕소는 꽃이 피고 열매가 맺을 때 열매가 잘 맺도록 하는 작용을 하는데

붕소가 부족하면 포도의 신엽이 고사하거나 열매가 엉기성기 열리면서 피해가 나타나고

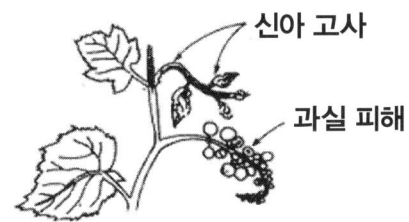

배추에서는 중심부가 흑갈색으로 부패하기도 합니다.

붕소결핍이 나타나는 이유는 세 가지가 있는데 그중에 토양 인산이 많아서 나타나는 경우가 많은데

붕소결핍 이유
- 토양결핍
- 토양인산 과다
- 붕소가 없는 비료 사용

특히 붕소와 인산은 흡수형태가 비슷하여 서로 길항작용을 하기 때문에

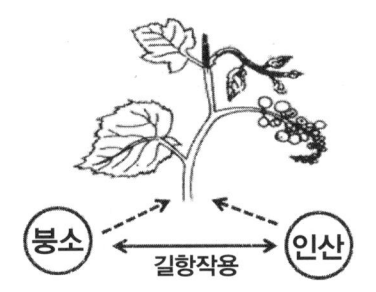

토양에 인산이 많으면 붕소의 흡수를 저해하기도 합니다.

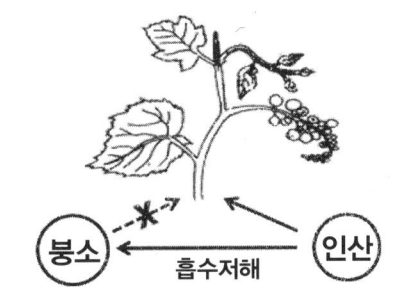

오호, 붕소가 중요하네요?

그렇습니다.
인산이 너무 많거나 붕소가 없는 화학비료 또는 퇴비를 과량으로 사용하면 붕소 결핍이 자주 나타납니다. 이는 토양의 인산이 붕소의 흡수를 저해하기 때문인데, 붕소가 함유된 화학비료를 사용하거나 결실시기에 붕소를 엽면시비해도 효과가 좋습니다.

화학비료에 붕소가 있는 이유

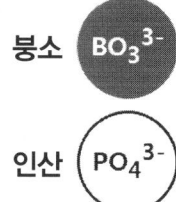

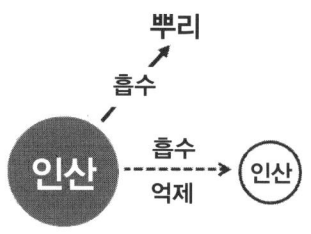

논토양에는 인산함량이 크게 증가하지 않아 문제가 없지만

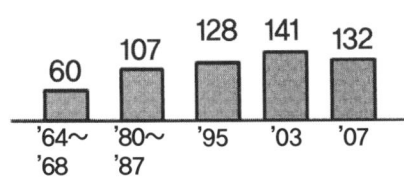

밭토양에서는 인산함량이 계속 증가하여 적정치를 넘는 경우가 많고

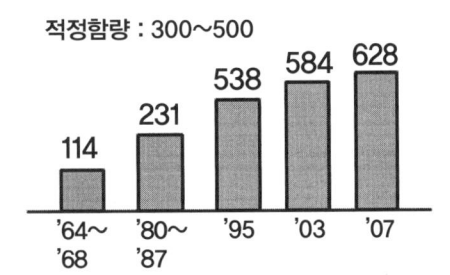

과수원 토양에서도 인산함량이 적정치보다 2배 높고

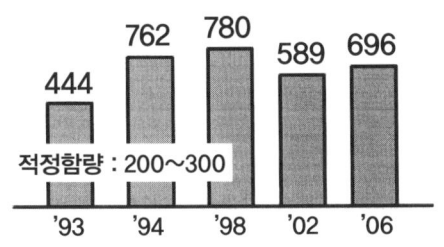

시설재배지 토양도 적정함량에 비해 매우 높은 곳이 많습니다.

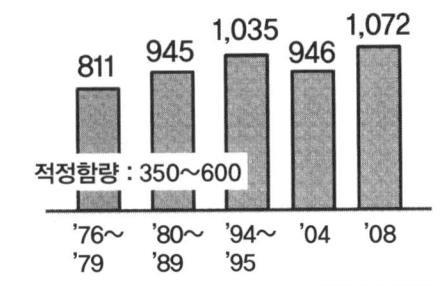

특히 돈분퇴비는 인산이 많기 때문에 많이 사용하면

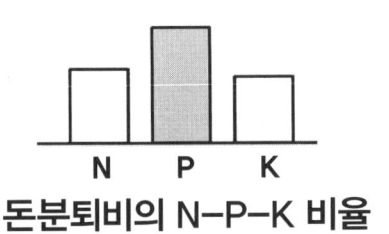

토양에 너무 많은 인산이 집적되어 붕소의 흡수가 저해될 수 있습니다.

화학비료에 붕소가 들어 있는 이유가 있군요.

예, 그렇습니다. 붕소는 생장점의 생장과 동화산물 수송의 역할을 하기 때문에 꽃 피고 열매를 맺을 때 중요한 미량원소입니다. 특히 인산이 많이 집적된 하우스 재배에서 붕소가 결핍되지 않도록 유의해야 합니다.

석회, 고토, 황 함유 비료의 중요성

칼슘은 세포벽을 구성하고, 황은 향이나 맛과 관련된 황함유 단백질 성분이고, 고토는 광합성과 관련이 있는데, Ca : 세포벽 구성물질 S : 황함유 단백질 : 향 등에 관여 Mg : 광합성 관여 엽록소 구성원소	설포마그는 칼리 22%, 황 22%, 고토 18%인 비료이고 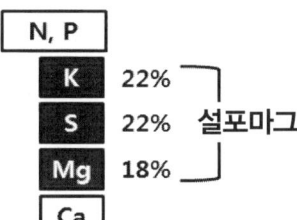
칼슘유황비료는 칼슘 23%, 황 13%인 비료이며, 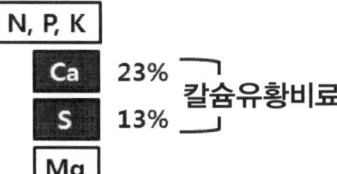	석회고토는 산성토양 개량의 의미를 중시하여 알칼리분으로 표시합니다. 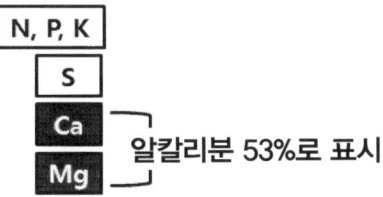
그동안 칼슘과 고토가 함유된 비료는 단순히 토양개량제로만 인식되어왔는데 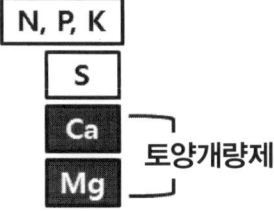	실제는 질소, 인산, 칼리에 못지않게 품질을 높이는 데 반드시 필요한 양분입니다. 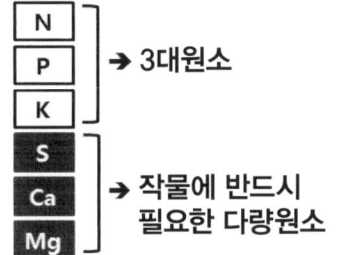
황, 칼슘, 고토비료도 매우 중요하네요?	질소, 인산, 칼리는 수량을 높이는 데 중요한 양분이어서 그동안 세 원소에만 관심을 가져왔습니다. 그러나 황, 칼슘, 마그네슘도 품질과 관련된 역할을 많이 하는 다량원소이기 때문에 결핍되지 않도록 관심을 갖는 것이 중요합니다.

기능성 물질로서의 유황비료

글루타티온은 글라이신, 글루타메이트, 시스테인이 결합하여 만들어지는데

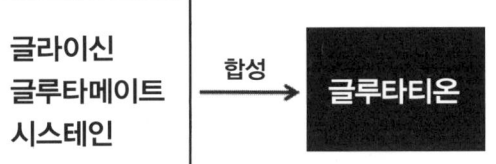

대표적인 항산화물질로 활성산소를 줄이고 독성물질을 해독하고 면역력을 높이며

글루타티온
- 가장 강력한 항산화제
- 항염작용
- 간 해독작용
- 심장질환 억제
- 대장염에 의한 궤양 수복작용
- 면역기능 증강

타우린은 황함유 아미노산인 시스테인과 메티오닌으로부터 생합성되는데

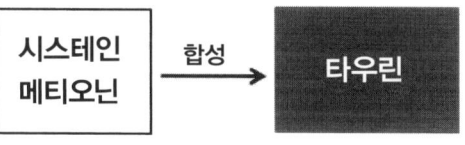

박카스와 "간 때문이야"로 유명한 우루사의 주요성분일 정도로 기능성이 많습니다.

타우린
- 콜레스테롤 저하
- 항담성 작용
- 간기능 개선
- 뇌교감신경 억제
- 세포막 이온 이동 조절

피부, 머리칼, 손발톱 등의 중요한 단백질은 모두 황함유 아미노산이 주성분인데

(효소, 단백질, 조직, 피부, 모발, 손발톱 등)

유안, 황산칼리, 칼슘유황비료, 설포마그 등 황이 함유된 비료는 같은 효과가 있습니다.

황함유비료
- 유안(황산암모늄)
- 황산칼리
- 칼슘유황비료
- 설포마그

야, 비료도 잘 주면 농작물에 기능성이 높아지겠네요.

예, 그렇습니다.
황을 함유한 비료는 브로콜리, 마늘, 겨자, 양파 등에 좋고 과일의 향을 높이는 기능도 있습니다.
따라서 농산물도 기능성이 높은 재배방법을 선택하여 생산하는 것이 미래를 대비한 농업입니다.

제6부 유기질비료 이해하기

부숙이 안 된 퇴비는 안 준 것만 못하다

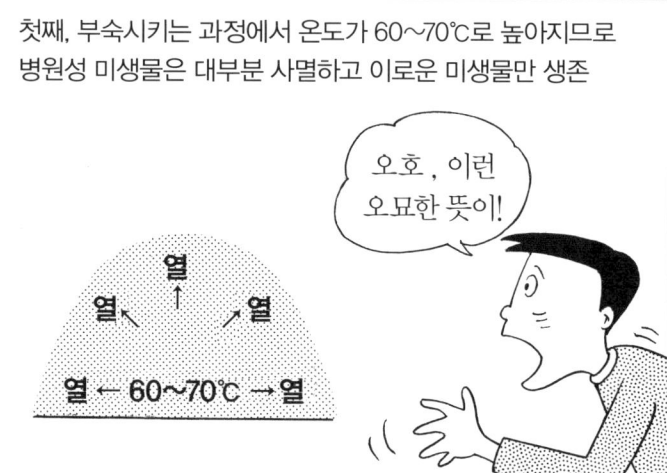

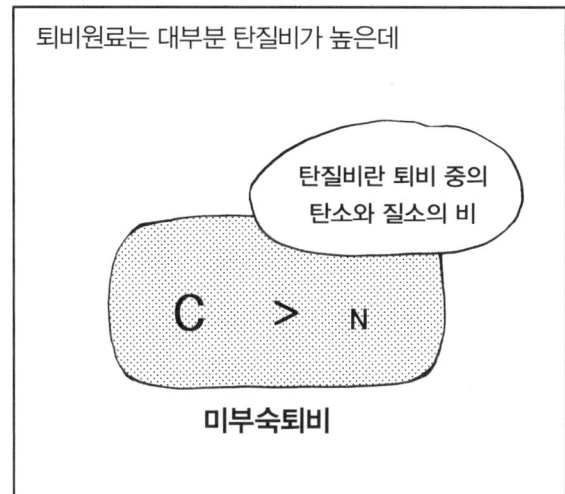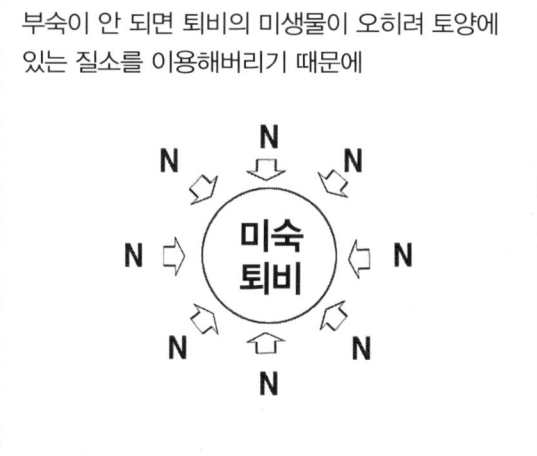

가축분뇨에는 어떤 비료성분들이 있을까

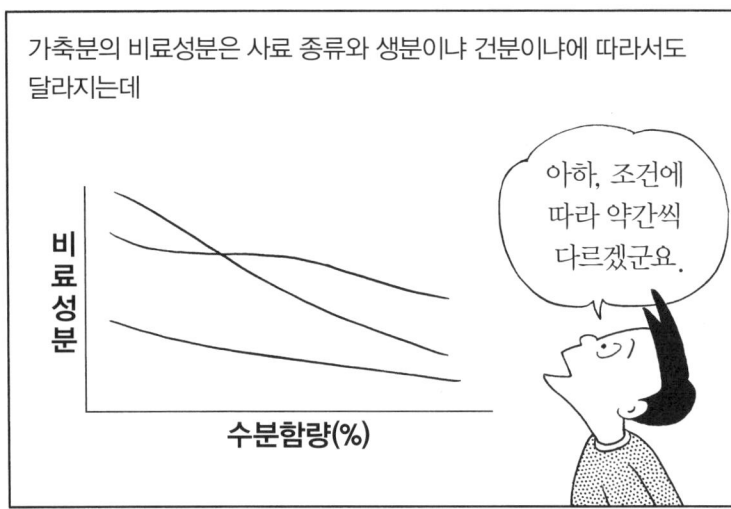

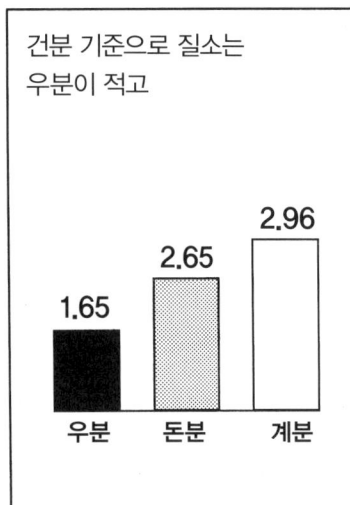

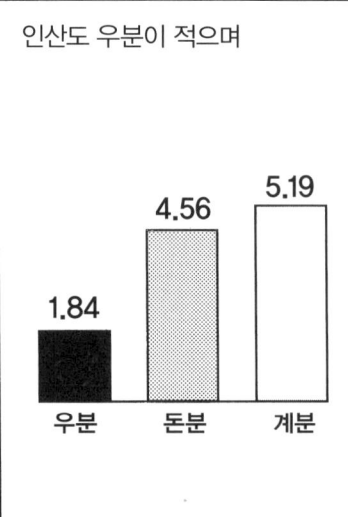

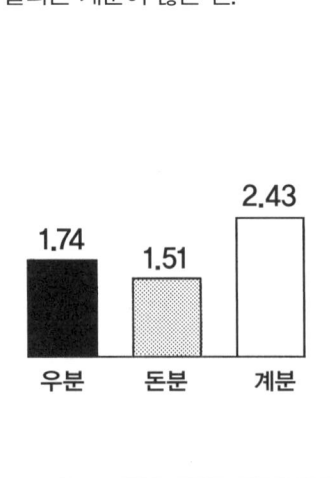

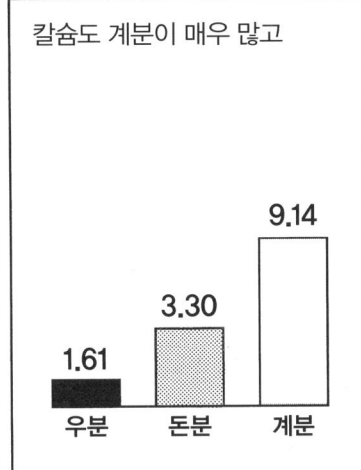
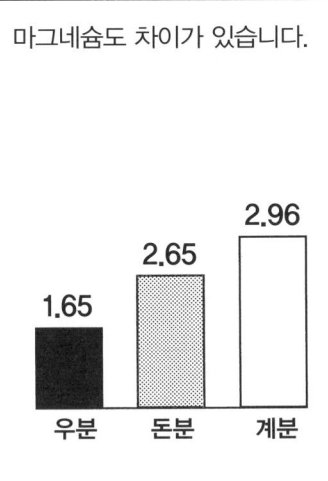

유기질비료와 부산물비료 퇴비의 차이

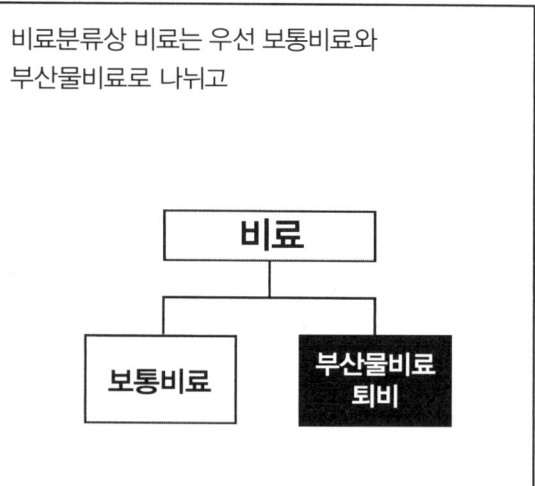

* 이 내용은 2012년 7월 비료 공정규격 일부개정(농촌진흥청고시 제2012-34호) 이전에 작성된 것으로, 그 이전과 이후의 비료 분류 변경을 이해하는 데 도움이 됨.

반면에 부산물비료는 별도로 분류되며 퇴비, 부숙겨 등이 이에 속합니다.

부산물비료
1. 퇴비, 2. 부숙겨, 3. 재(草,木), 4. 분뇨잔사,
5. 부엽토, 6. 아미노산발효부산비료, 7. 건계분,
8. 건조축산폐기물, 9. 부숙왕겨 및 톱밥,
10. 토양미생물 제제 및 토양 활성제제비료

보통비료에 속하는 유기질비료는 화학비료와 같이 작물비료인 N, P, K 함량에 대한 규정이 강화되어 있고

유기질비료
1. 함유해야 할 N, P, K의 함량이 정해짐
   (예, 질소 4%, 인산 1%, 칼리 1%)
2. 원료가 지정됨
3. 유해성분 함유 위험이 거의 없음

부산물비료는 유해성분 함량에 대한 규정이 강화되어 있습니다.

부산물비료
1. 함유해야 할 유기물함량이 지정됨
2. 유해성분 최소함유량에 대한 규정이 있음
   (예, 납 150ppm, 크롬 300ppm 등)

아하, 완전히 다른 것이구먼.

두 비료가 유기자원이 주성분이기 때문에 같은 비료로 오해하지만 비료 분류상 다른 비료입니다.

유기질비료나 부산물비료는 모두 유기자원을 원료로 하기 때문에 혼동해서 부르는 경우가 많습니다.

유기질비료는 원료가 엄격하게 규정되어 있어서 채종유박비료는 반드시 채종유박만 원료로 사용할 수 있으며, 유해성분이 함유될 위험성이 적고 부숙이 되지 않아도 문제가 발생하지 않습니다.

반면에 부산물비료는 반드시 부숙된 것이어야 하며, 여러 원료를 섞기 때문에 중금속, 유기물함량에 대한 규정이 있습니다.

좋은 유기질비료 고르는 법

유기질비료 원료는 크게 13개가 있는데

유기질비료 원료

1.어박, 2.골분, 3.잠용유박, 4.대두박,
5.채종유박, 6.면실유박, 7.깻묵,
8.아주까리유박(피마자유박),
9.기타 식물성유박, 10.미강유박,
11.가공계분, 12.증제피혁분, 13.맥주오니

주로 원료를 혼합하여 혼합유기질과 혼합유박비료를 만드는데

유기질비료 원료

1.어박, 2.골분, 3.잠용유박,
4.대두박, 5.채종유박, 6.면실유박,
7.깻묵, 8.아주까리유박(피마자유박),
9.기타 식물성유박,
10.미강유박, 11.가공계분,
12.증제피혁분, 13.맥주오니

→ **혼합유기질비료**
혼합유박

질소, 인산, 칼리함량 중 2종 이상의 합이 모두 7%를 넘어야 합니다.

혼합유기질비료
혼합유박 → 질소 + 인산 + 칼리 = 7% 이상

혼합유기질비료는 공정규격의 모든 유기질비료를 원료로 사용할 수 있으며

유기질비료 원료
1.어박, 2.골분, 3.잠용유박, 4.대두박,
5.채종유박, 6.면실유박, 7.깻묵,
8.아주까리유박(피마자유박),
9.기타 식물성유박, 10.미강유박,
11.가공계분, 12.증제피혁분, 13.맥주오니

➡ 2종 이상 혼합

혼합유박은 기름을 짜고 난 순수 식물의 유박을 2종 이상 혼합한 비료입니다.

유기질비료 원료
~~1.어박, 2.골분,~~ 3.잠용유박,
4.대두박, 5.채종유박, 6.면실유박,
7.깻묵, 8.아주까리유박(피마자유박),
9.기타 식물성유박, 10.미강유박,
~~11.가공계분, 12.증제피혁분,~~
~~13.맥주오니~~

➡ 2종 이상 혼합

좋은 유기질비료를 선택하려면 첫째 비료포장지 뒷면의 『비료 생산업자 보증표』의 〈4. 보증성분량〉을 보고 질소+인산+칼리 함량이 높은 비료를 선택하고,

- 질소전량 : 4.5%
- 인산전량 : 1.7%
- 칼리전량 : 1.5%

<

- 질소전량 : 5.5%
- 인산전량 : 2.1%
- 칼리전량 : 2.0%

〈5. 원료명 및 배합비율〉을 검토하여 대두박, 채종유박, 아주까리유박 등이 어떤 비율로 혼합되어 있는지를 검토해야 합니다.

유기질비료 원료
1.어박, 2.골분, 3.잠용유박, 4.대두박,
5.⟨채종유박⟩ 6.면실유박, 7.깻묵,
8.⟨아주까리유박(피마자유박)⟩
9.기타 식물성유박, 10.미강유박,
11.가공계분, 12.증제피혁분, 13.맥주오니

원료로 가장 많이 사용하는 채종유박과 아주까리유박 중 채종유박이 가격도 비싸고 효과도 큰데

주요 유기질비료 원료 가격
채종유박 > 아주까리유박

식물성유박에는 원료가격이 아주 싸고 공정규격 4-1-1에 미달하는 미강박, 야자박 등이 함유될 수 있으므로 주의해야 합니다.

유기질비료 원료에 사용할 수 없는 식물박
미강박, 야자박, 팜박
(식물성 유박 원료 조건인
N+P+K = 4-1-1 함량미달)

야! 비료포장지 뒷면을 잘 봐야겠네요.

예, 그렇습니다. 혼합유박과 혼합유기질비료는 원료를 혼합하기 때문에 무엇을 혼합했는지 모르는 경우가 많습니다. 그래서 반드시 비료성분량 합계를 보고 유기질비료 원료로 사용할 수 없는 재료를 사용했는지 살펴보아야 합니다.

팜유박과 야자유박을 유기질비료에 못 쓰는 이유

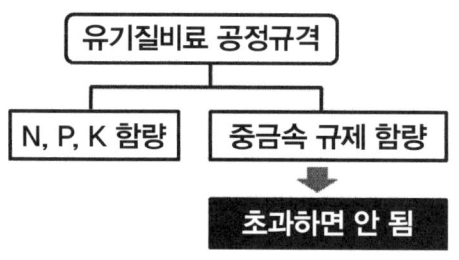
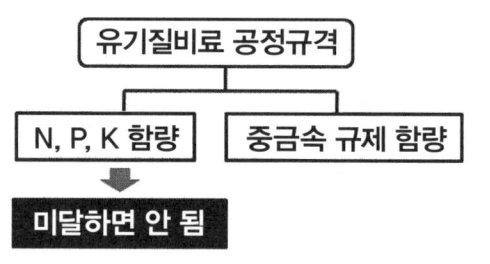
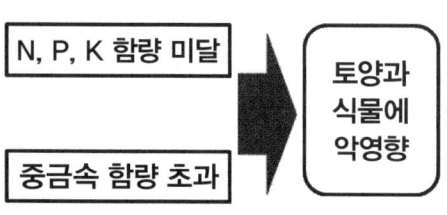

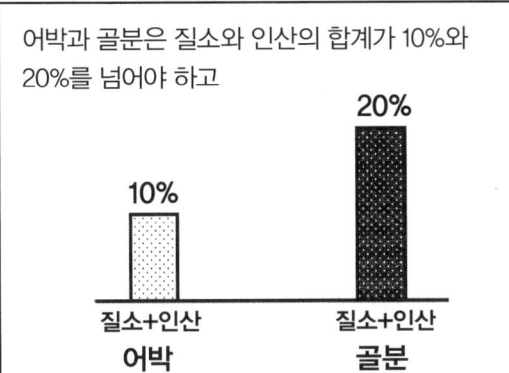

어박과 골분은 질소와 인산의 합계가 10%와 20%를 넘어야 하고

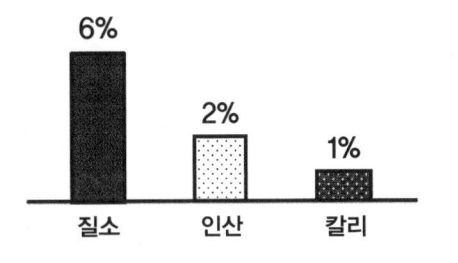

대두박은 질소 6%, 인산 2%, 칼리 1%를 넘어야 합니다.

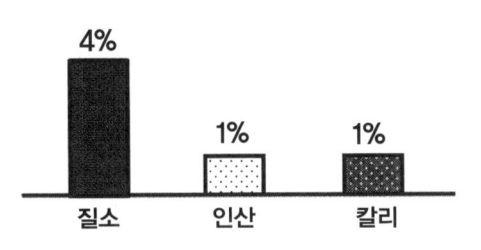

채종유박, 면실유박, 깻묵, 낙화생유박, 아주까리 유박은 질소 4%, 인산 1%, 칼리 1%를 넘어야 하며

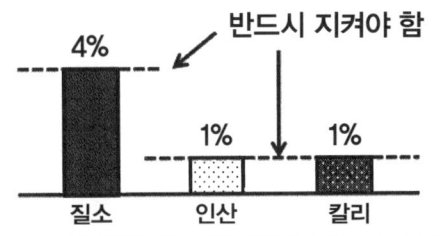

기타 식물성유박도 질소 4%, 인산 1%, 칼리 1%를 넘어야 유기질비료 원료로 사용할 수 있습니다.

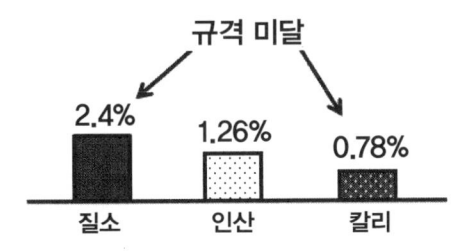

그러나 팜유박은 질소 2.4%, 인산 1.26%, 칼리 0.78%로 규격미달이며,

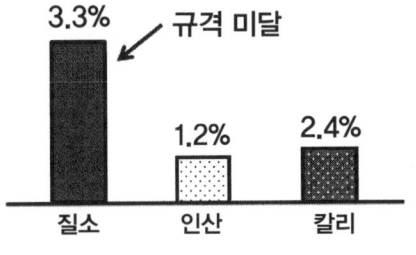

야자유박도 질소함량이 규격미달이어서 토양에서 분해과정에 문제가 있습니다.

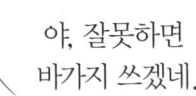

야, 잘못하면 바가지 쓰겠네.

예, 그렇습니다. 팜유박과 야자유박은 식물양분이 부족하여 가격도 싸며, 규격미달인 원료여서 혼합유기질비료에도 사용할 수 없습니다. 그래서 유기질비료를 구입할 때는 반드시 팜유박과 야자유박이 함유되었는지를 세심하게 살펴야 합니다.

유기질비료와 화학비료의 질소는 뭐가 다를까?

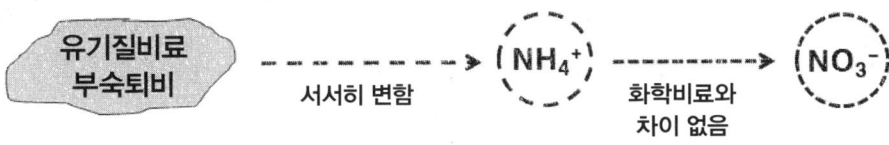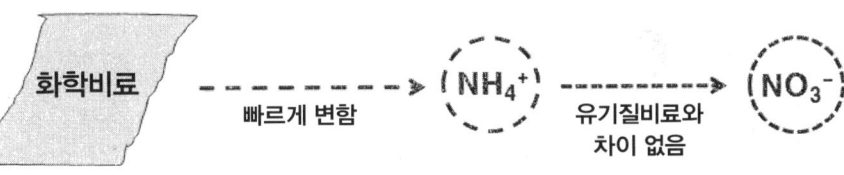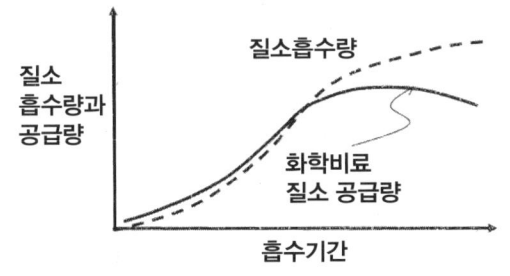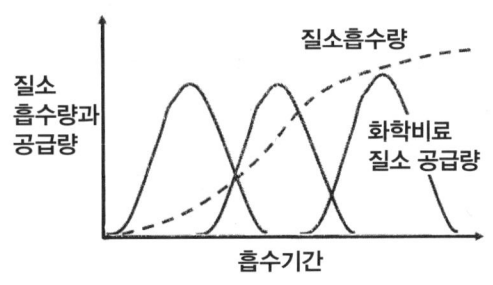

제7부 부숙비료(부산물비료 퇴비) 이해하기

퇴비와 화학비료 성분량 계산하는 방법

화학비료에는 질소, 인산, 칼리, 고토, 미량원소의 함량이 표시되어 있습니다.

질소	인산	칼리	고토	석회	붕소
10	6	8	2	2	0.2

한 포대가 20kg이고 질소가 10%이니까 한 포대에는 2kg이 있고 다섯 포대에는 10kg이 있는 셈이고

> 20kg/포대 × 0.1 = 2kg

> 2kg × 5포대 = 10kg

같은 방법으로 인산 6kg, 칼리 8kg, 고토 2kg, 석회 2kg, 붕소 0.2kg이 됩니다.

비료량 계산법

> 20kg/포대 × 함량 = 포대당 비료성분량

> 포대당 비료성분량 × 포대 수 = 총 비료성분량

또 퇴비의 종류에 따라 비료성분량이 표와 같고

질소	인산	칼리
1.0	1.5	0.8

300평에 10포대를 주었다면 총 비료성분량은 아래와 같습니다.

질소 : 20kg/포대 × 0.01 × 10포대 = 2kg

인산 : 20kg/포대 × 0.015 × 10포대 = 3kg

칼리 : 20kg/포대 × 0.008 × 10포대 = 1.6kg

그래서 300평에 화학비료 5포대와 퇴비 10포대를 주었다면 실제로 토양에 첨가되는 질소는 12kg, 인산은 9kg, 칼리는 9.6kg이 됩니다.

	화학비료(5포대)		퇴비(10포대)	총량
질소	10	+	2	12kg
인산	6	+	3	9kg
칼리	8	+	1.6	9.6kg

아하! 비료를 줄 때면 퇴비나 유기질비료로 주는 비료량도 감안해야겠네요?

그렇습니다. 흔히 화학비료에 들어 있는 비료성분량만 생각하기 쉬운데, 퇴비로 들어가는 양도 감안해야 화학비료의 과다시비를 막을 수 있습니다. 우리 농경지에 비료성분이 과다해진 것은 과다시비에 의한 것이 많습니다.

퇴비 정부지원과 주의할 점

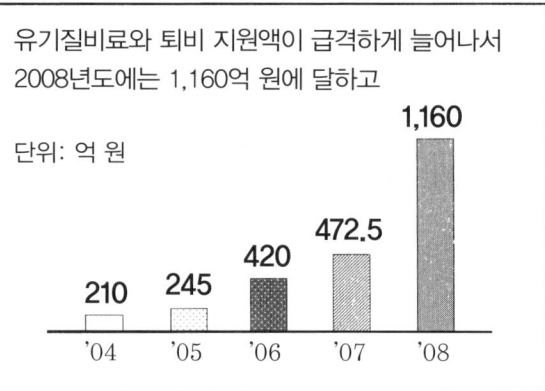
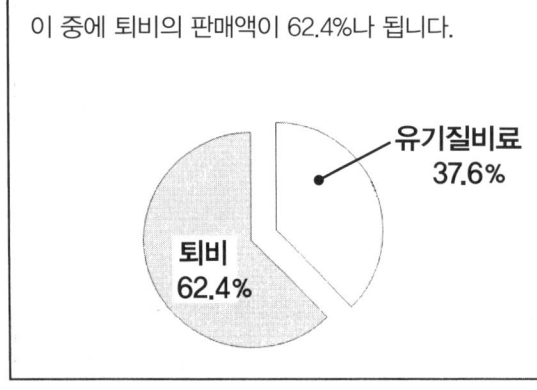

퇴비의 가장 큰 문제점은 부숙이 안 된 것을 사용하면 암모니아가스가 발생하고, 이 암모니아가스가 뿌리와 하위 잎에 피해를 주어 작물에 피해를 입히는 것입니다.

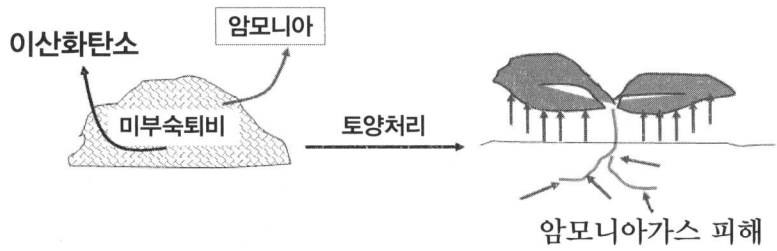

전국적으로 미부숙퇴비에 의한 피해가 보고되는데, 수박묘에서도 발생하고

담배 등 모든 작물에 치명적인 피해를 줍니다.

PL법(제조물책임법) 이전에는 미부숙퇴비에 의한 피해보상의 책임이 퇴비회사에만 있었으나

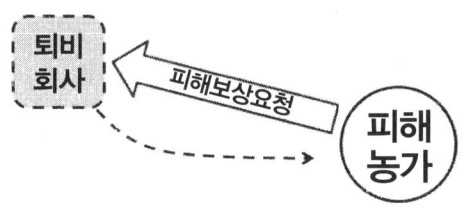

PL법이 시행되면서 제조회사뿐만 아니라 공급자도 책임을 져야 합니다.

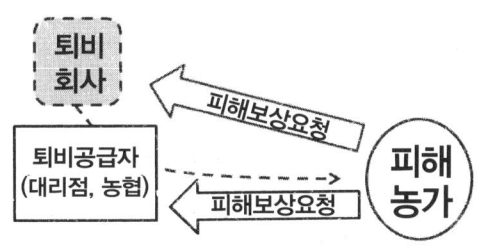

오호, 퇴비는 정부에서 지원도 많지만 부숙퇴비만 쓰도록 해야겠네요.

그렇습니다. 화학비료 정부지원이 없어지고 퇴비의 정부지원이 많아졌습니다. 그와 비례하여 미부숙퇴비와 같이 농가에 피해를 주는 퇴비는 철저하게 가려내고 피해가 나타나면 신고를 하여 미부숙퇴비가 설 자리가 없도록 해야 합니다.

미부숙퇴비는 병원균의 온상

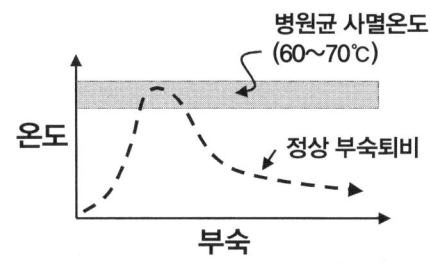
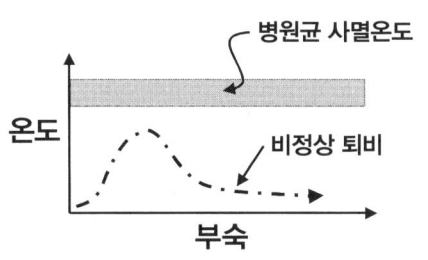
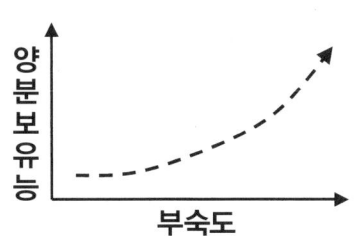
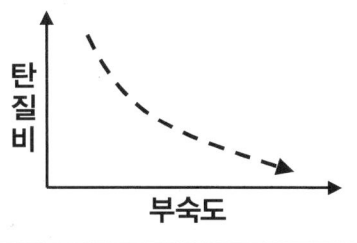

퇴비에도 등급이 있다

* '일반퇴비'와 '그린퇴비'는 2012년 각각 '퇴비'와 '가축분퇴비'로 명칭이 개정됨.

첫째는 수분인데, 수분이 많으면 실제 퇴비성분량은 줄어들어 값이 싸더라도 농민이 손해입니다. 예를 들어 수분함량 70%인 퇴비는 40%인 퇴비에 비해 실제 퇴비량은 1/2밖에 되지 않습니다.

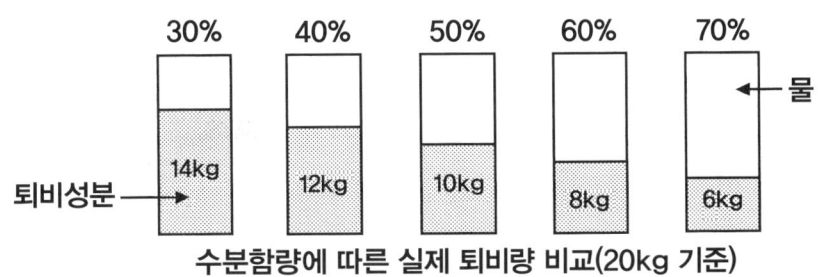

수분함량에 따른 실제 퇴비량 비교(20kg 기준)

둘째, 유기물/질소비가 높으면 퇴비가 토양질소를 가져가버려서 작물의 초기 생육이 나쁘고

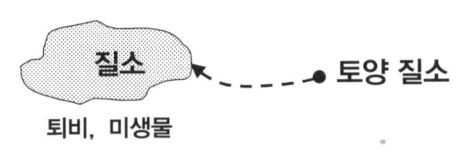

셋째, 염분이 많으면 뿌리가 마르는 현상이 나타납니다.

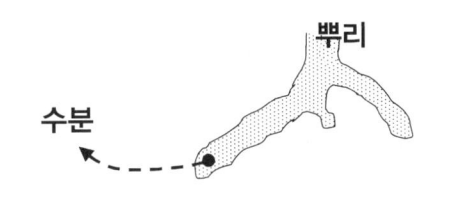

그래서 1급퇴비인 그린퇴비는 유기물함량을 높이고

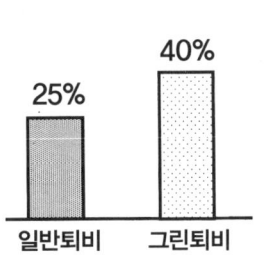

유기물/질소비, 수분, 중금속 함량을 모두 낮춘 것입니다.

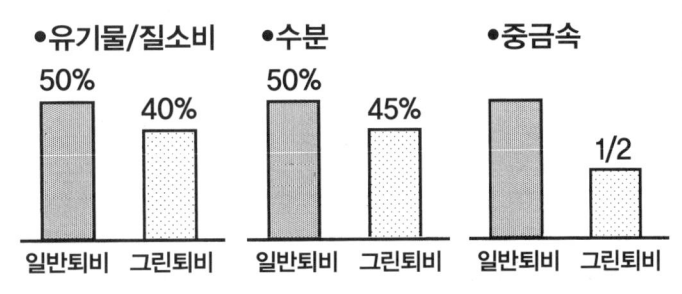

아하, 퇴비도 어떤 성분이 많은지 적은지를 보면서 써야겠네요.

그렇습니다. 같은 일반퇴비도 반드시 실제 성분량이 어떤지를 꼼꼼하게 확인하고, 그린퇴비도 성분량을 확인하면서 사용하는 것이 현명합니다.

좋은 퇴비를 스스로 만드는 법

무서운 불량 퇴비

물 많은 퇴비는 일단 의심을

* 수분이 과다 함유된 퇴비의 문제점을 해결하기 위해 최근 유해성분 기준을 건물 무게 기준으로 개정함.

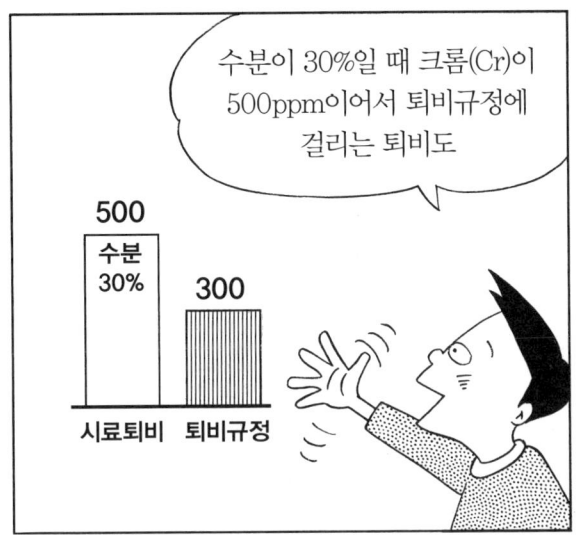

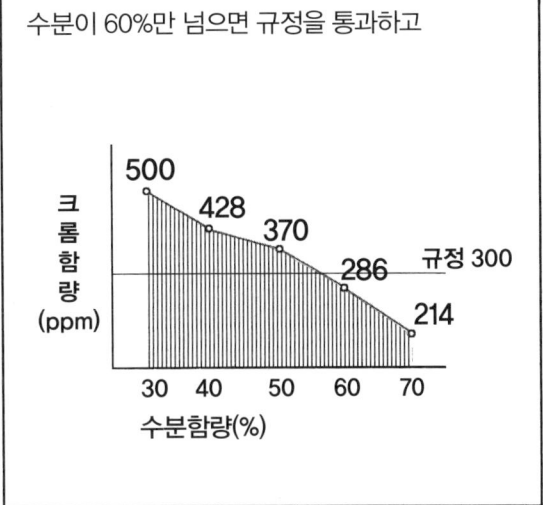

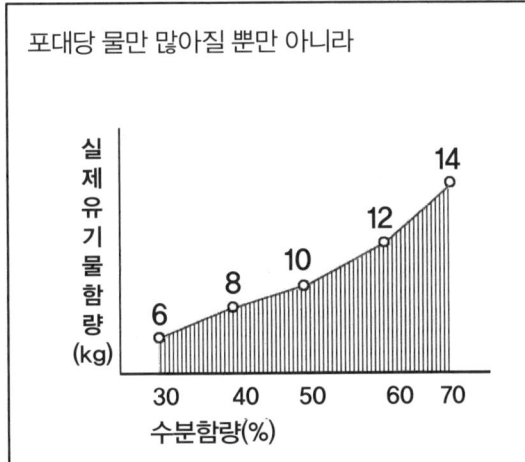

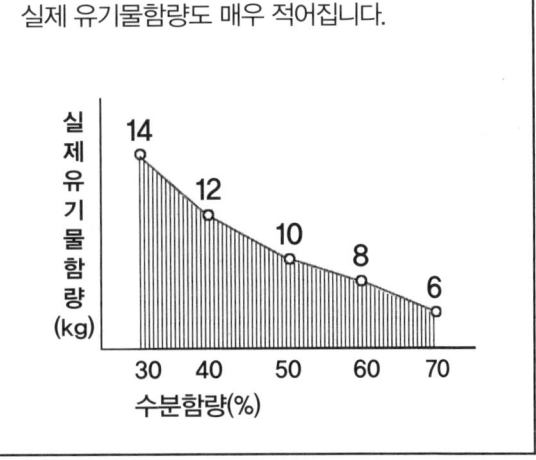

옛날에는 퇴비를 어떻게 만들었을까

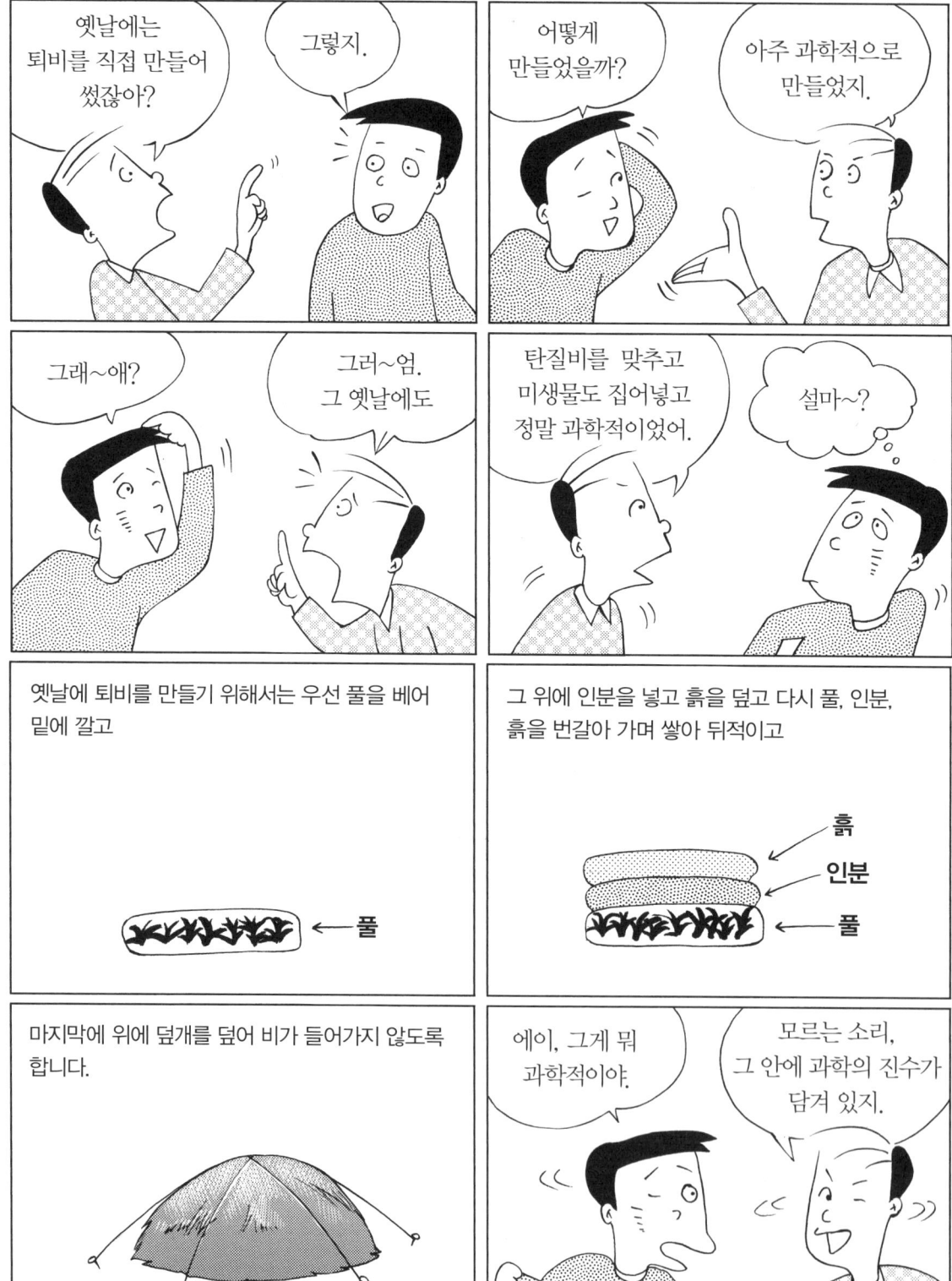

풀은 토양에 첨가되는 훌륭한 유기물 자원이고

인분은 높은 탄질비를 낮추기 위해 질소를 보충하는 것이고

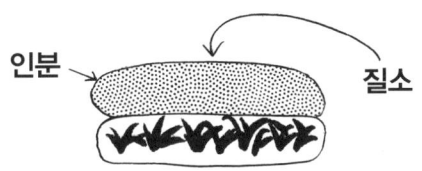

흙은 흙 속의 미생물을 이용한 미생물제제와 같고

덮개는 흙에 좋은 부식이 빗물에 씻겨 없어지는 것을 막기 위한 것.

옛날에 퇴비를 제조했던 방법은 미생물제제와 좋은 유기물 원료를 사용하여 퇴비를 만드는 지금의 방법과 똑같습니다. 이 원리를 이용하여 농경 주변의 풀을 모아 화학비료, 흙을 넣고 잘 뒤적여주면 좋은 자가 퇴비를 만들 수 있습니다.

 =

오호, 옛날 퇴비도 아무렇게나 만든 것이 아니네요?

옛날 퇴비도 자세히 보면 과학적인 토대 위에 만들어진 것입니다. 이 원리를 잘 이용하여 농경지 주변의 풀을 버리지 말고 모으면 아주 훌륭한 자가 퇴비를 만들어 사용할 수 있습니다.

조상의 지혜 – 퇴비 만드는 법

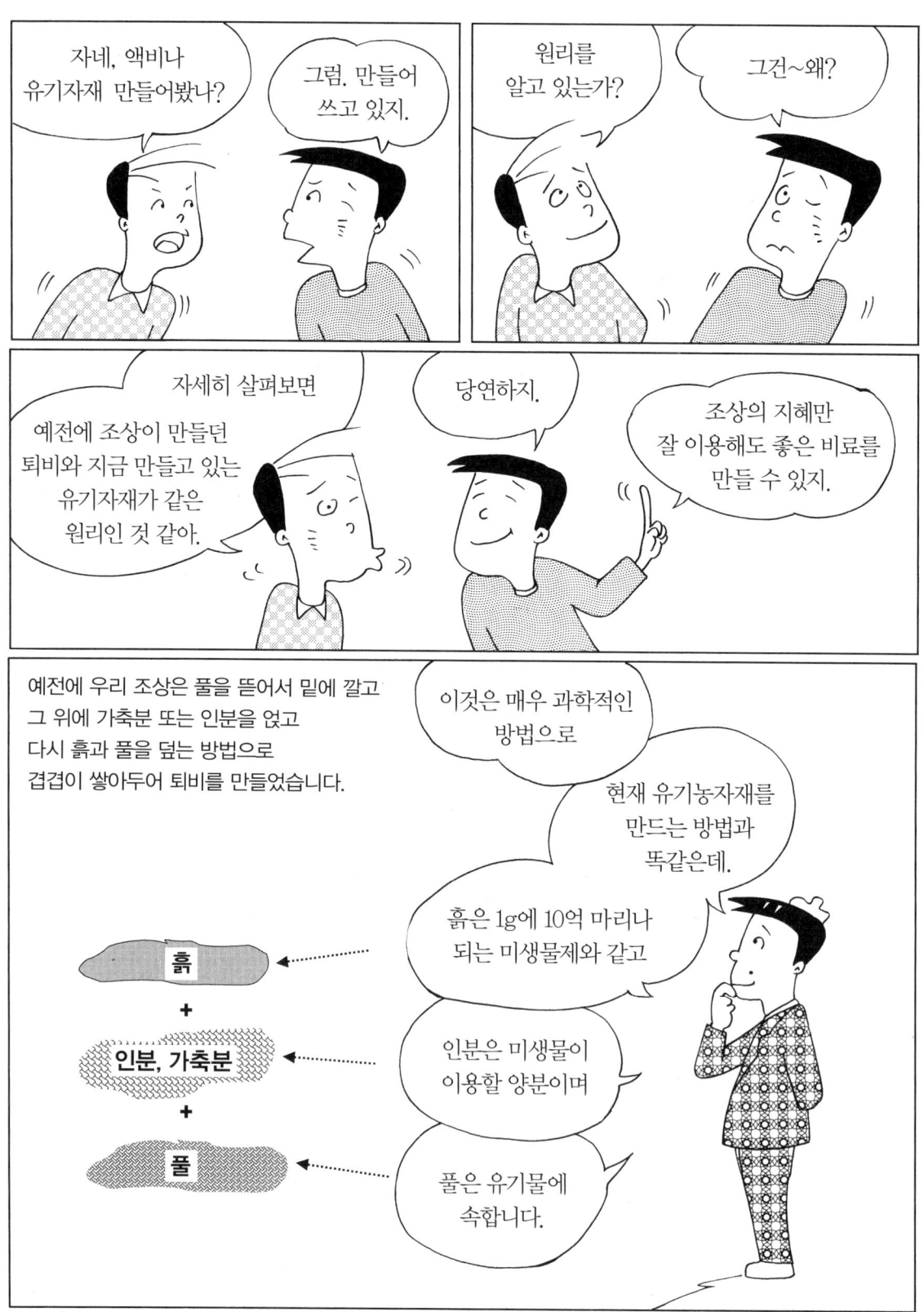

일반적으로 발효 유기질비료를 만들 때 유기질원료에 미생물제, 당밀이나 흑설탕 등을 넣고 농가에 따라 약간의 화학비료를 넣기도 합니다.

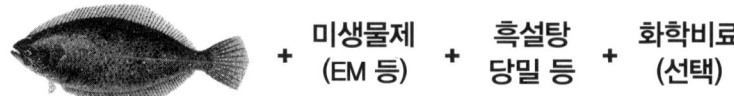

액비를 만들 때도 폐사어에 마찬가지 재료를 넣습니다.

조상들이 퇴비를 만드는 방법과 지금 유기자재를 만드는 방법을 비교하면 원리와 재료의 기능은 같고 재료가 예전보다 좋아진 것뿐입니다. 미생물제제를 만드는 방법도 자세히 살펴보면 퇴비를 만드는 원리와 같은 것을 알 수 있습니다.

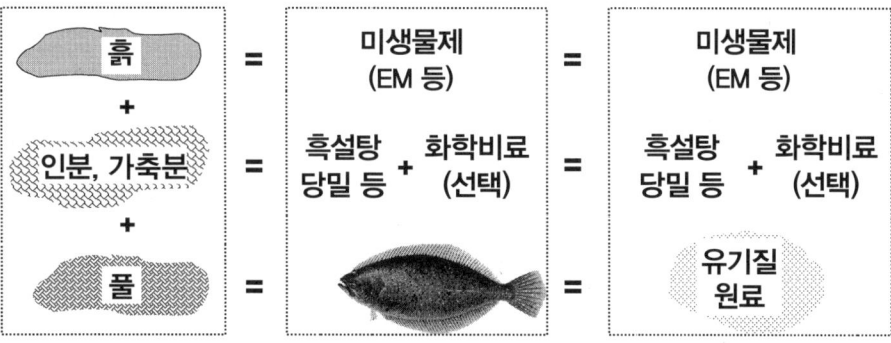

조상들의 퇴비 만드는 지혜가 뛰어났네요?

그렇습니다. 세월이 변하면서 흙 대신에 미생물제제가, 인분과 가축분이 흑설탕, 당밀 등으로 변했습니다. 일부 농가는 양분의 균형을 맞추어주기 위해 화학비료를 넣기도 합니다. 조상의 지혜만 잘 이해해도 좋은 유기자재를 만드는 데 도움이 됩니다.

포대에 구멍 뚫린 퇴비의 장점

퇴비는 화학비료와는 달리 어느 정도 수분이 있고 수분이 많을수록 농민은 손해를 보게 되는데

구멍이 있는 포대는 보관, 운송 중에 퇴비의 수분은 밖으로 배출되고 외부의 공기는 안으로 들어와 부숙이 계속 진행되어 좋은 조건이 되지만,

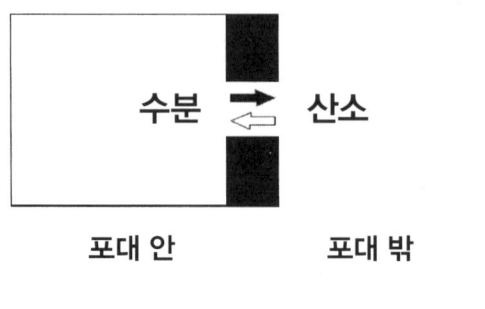

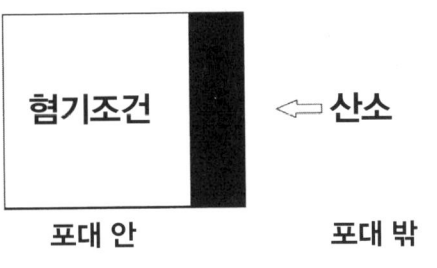
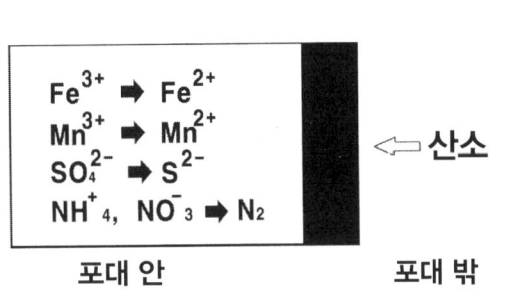

우리나라 농경지는 청정해요

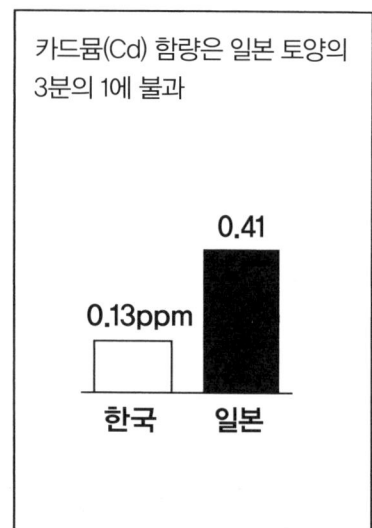
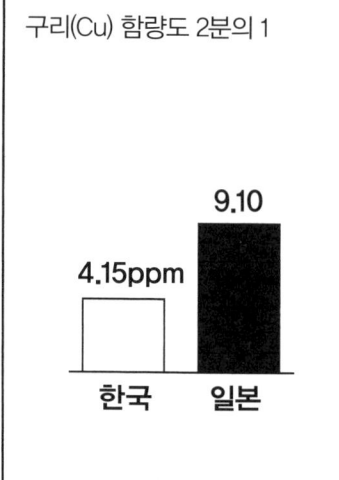
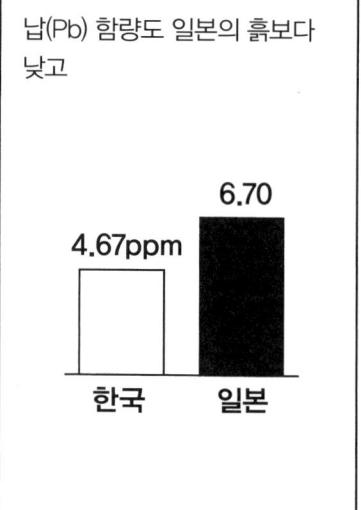

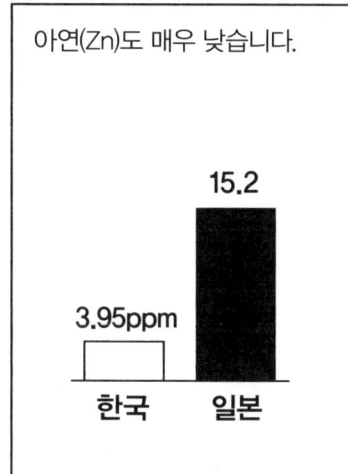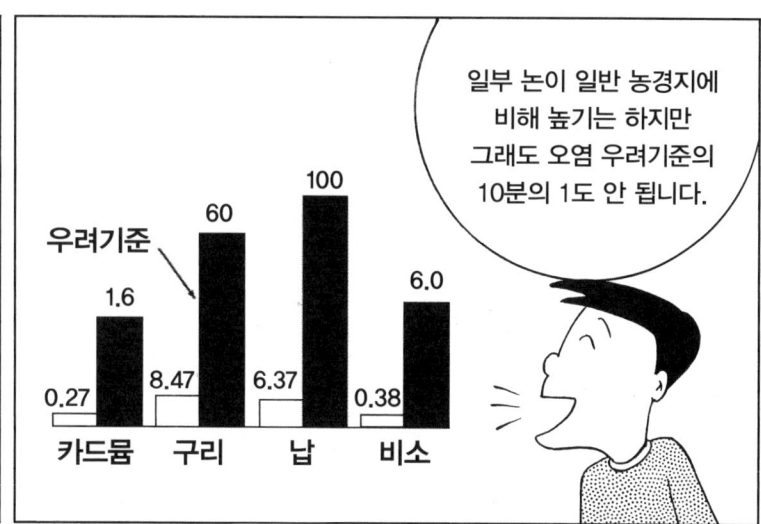

산업폐기물이 토양과 작물에 미치는 나쁜 영향

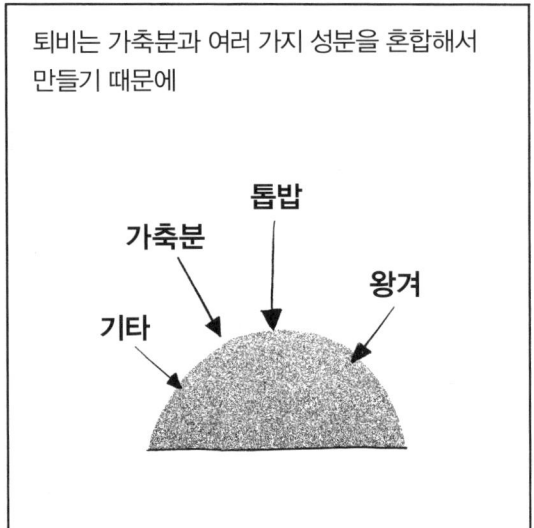

퇴비는 가축분과 여러 가지 성분을 혼합해서 만들기 때문에

토양에 나쁜 산업폐기물을 혼합해도 농가가 모르는 경우가 대부분입니다.

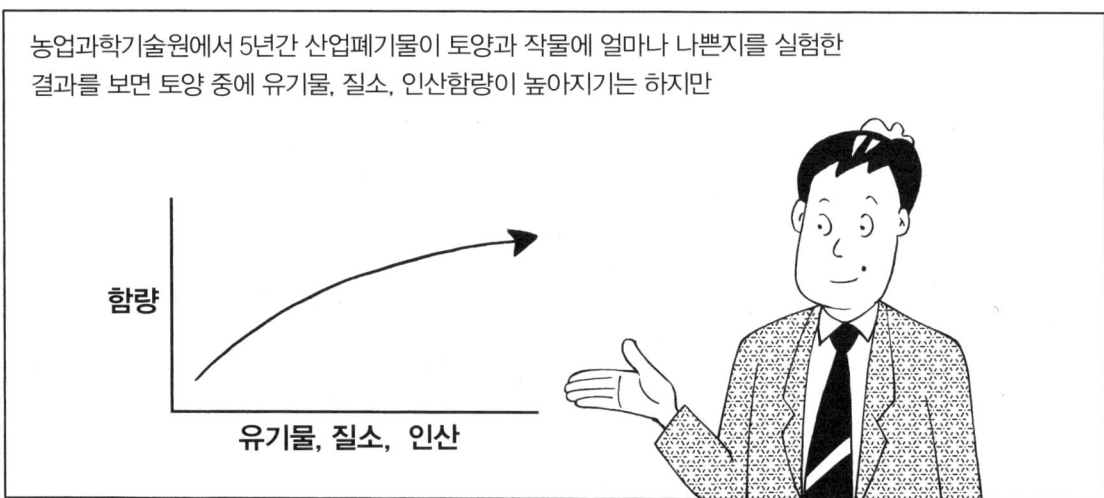

농업과학기술원에서 5년간 산업폐기물이 토양과 작물에 얼마나 나쁜지를 실험한 결과를 보면 토양 중에 유기물, 질소, 인산함량이 높아지기는 하지만

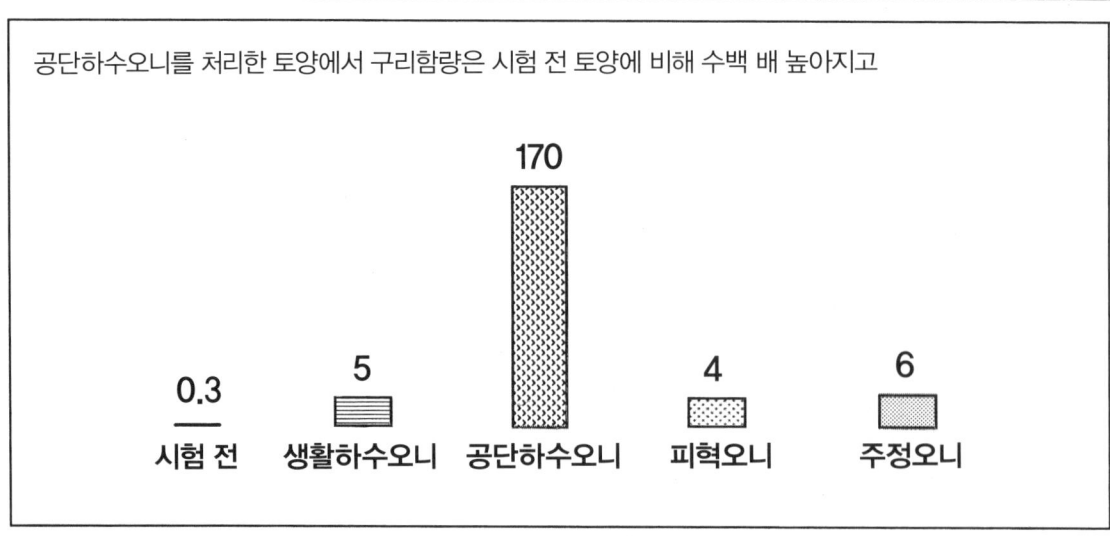

공단하수오니를 처리한 토양에서 구리함량은 시험 전 토양에 비해 수백 배 높아지고

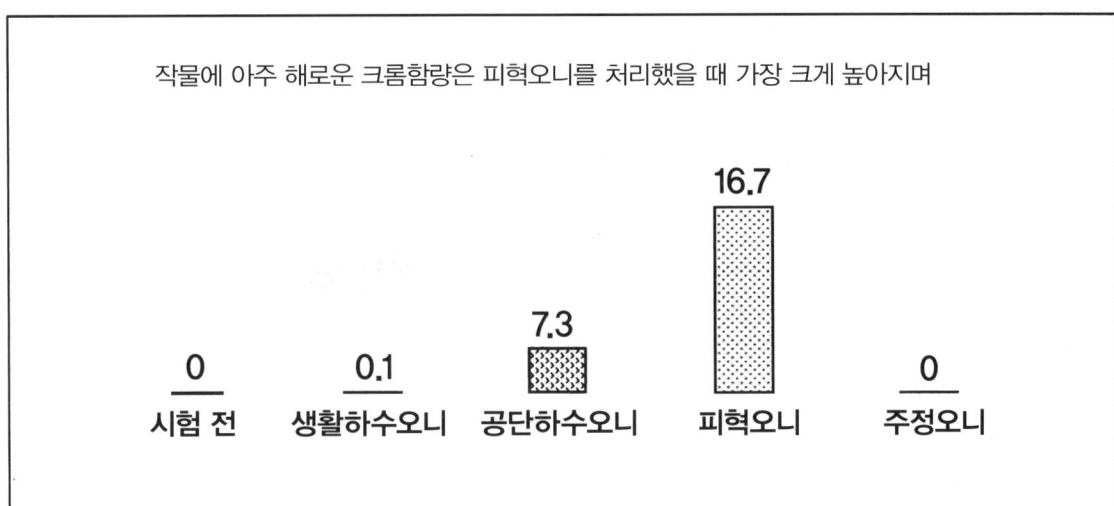

작물에 아주 해로운 크롬함량은 피혁오니를 처리했을 때 가장 크게 높아지며

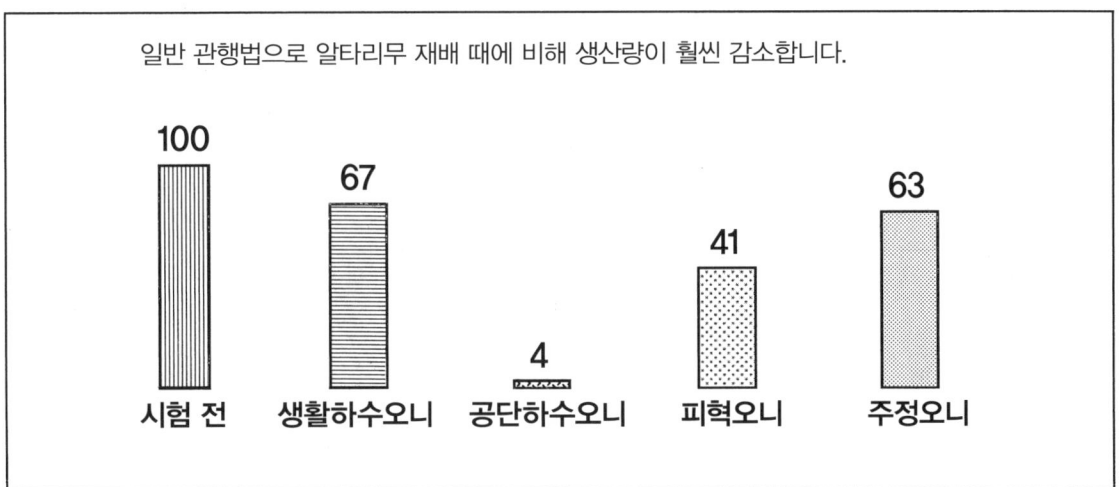

일반 관행법으로 알타리무 재배 때에 비해 생산량이 훨씬 감소합니다.

이런 이유 때문에 퇴비 규정을 정하여 산업폐기물이 혼합되지 않도록 감시하고 관리하고 있습니다.

가격이 싸다고 퇴비를 무조건 구입하지 말고 정기적으로 퇴비 품질을 검사하고 산업폐기물이 혼합되지 않은지를 검사하는 퇴비인지를 확인하고 구입하는 지혜가 필요합니다.

흙을 병들게 하는 폐비닐

폐비닐이 흙에 묻히면 비닐을 경계로 밑에는 외부로부터 공기유입이 차단되어

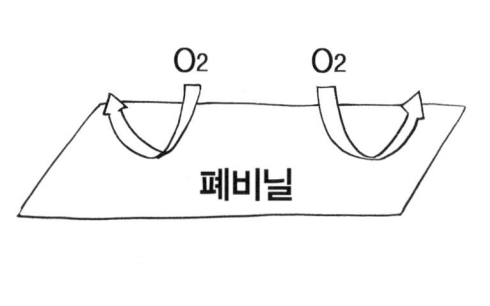

호기성 미생물이 죽기 시작하며

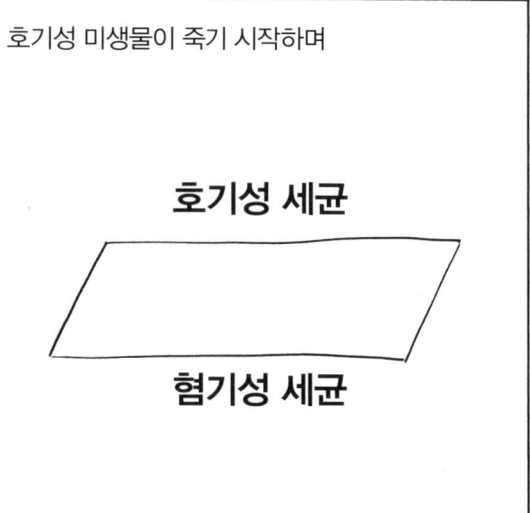

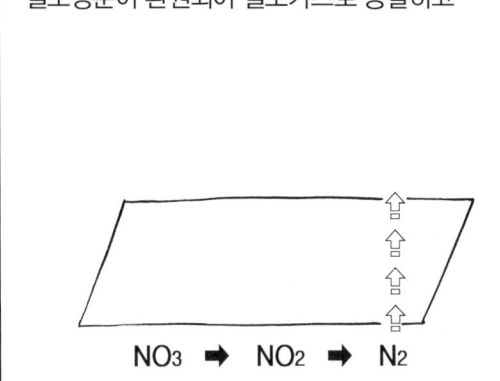

질소성분이 환원되어 질소가스로 증발하고

$NO_3 \rightarrow NO_2 \rightarrow N_2$

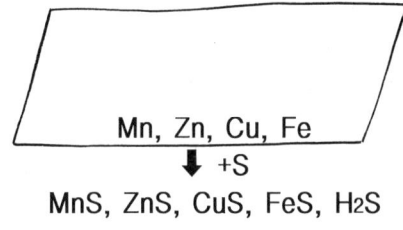

아연, 구리, 철, 망간 등의 미량원소는 황과 결합하여 까맣게 변하면서 작물이 이용하지 못합니다.

Mn, Zn, Cu, Fe
↓ +S
MnS, ZnS, CuS, FeS, H₂S

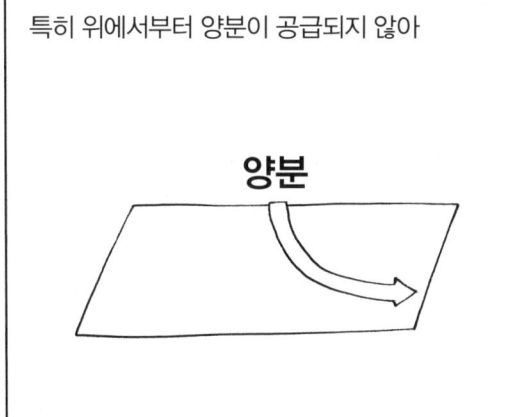

특히 위에서부터 양분이 공급되지 않아

양분

마치 물이 고여 썩는 것처럼 흙이 죽어버립니다.

죽은 토양

흙 속의 폐비닐은 영원히 분해되지 않으면서 흙을 못 쓰게 만듭니다.

오늘은 폐비닐의 많은 나쁜 점 중에서 하나만 예로 든 것입니다. 폐비닐이 흙 속에 묻히면 아무리 좋은 비료를 사용해도 모두 헛일이라는 것을 명심하세요.

농약은 토양에서 어떻게 움직이나

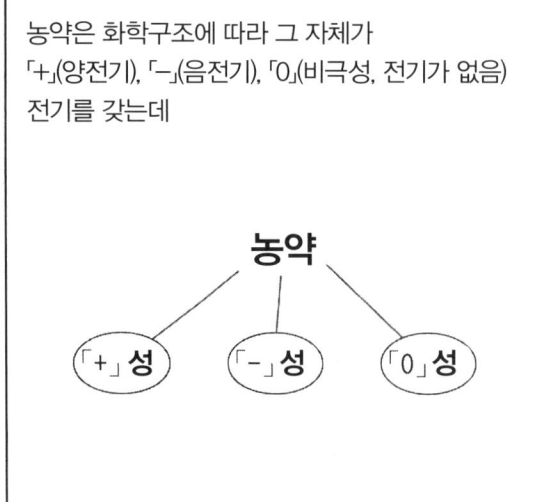

농약은 화학구조에 따라 그 자체가 「+」(양전기), 「-」(음전기), 「0」(비극성, 전기가 없음) 전기를 갖는데

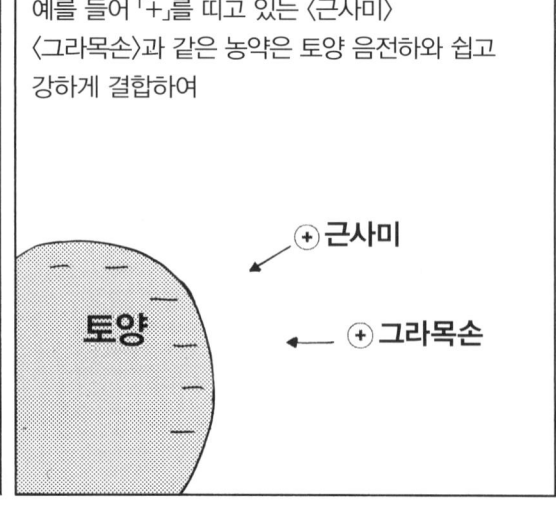

예를 들어 「+」를 띠고 있는 〈근사미〉 〈그라목손〉과 같은 농약은 토양 음전하와 쉽고 강하게 결합하여

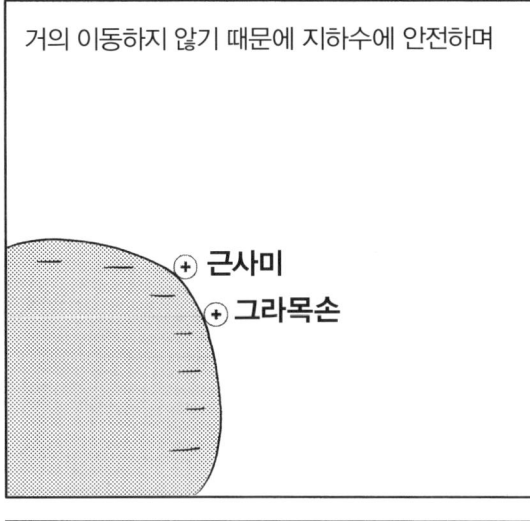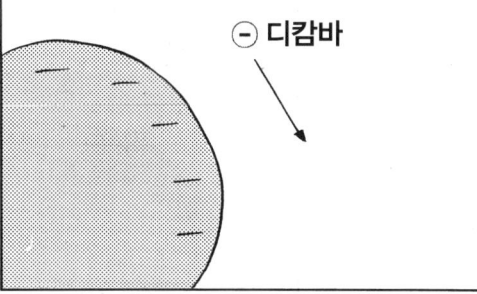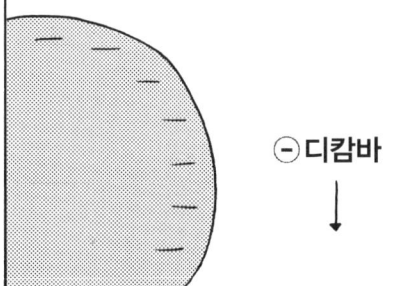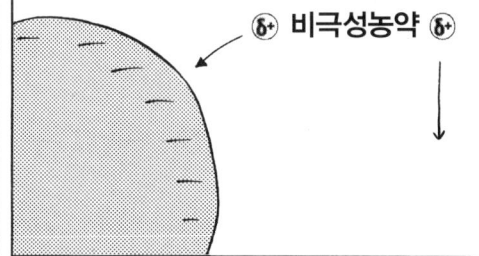

제8부 퇴비가 좋은 이유

퇴비는 국물이 보약

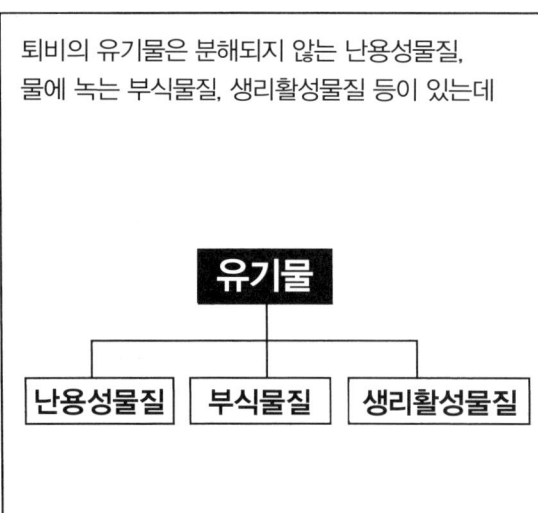

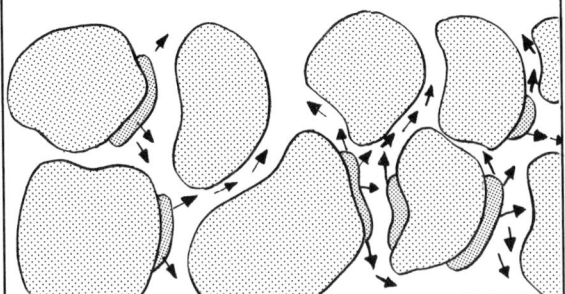

반면에 퇴비를 주고 갈아엎어 흙과 섞어주면 흙 사이사이에 유기물의 좋은 성분이 끼어 들어가

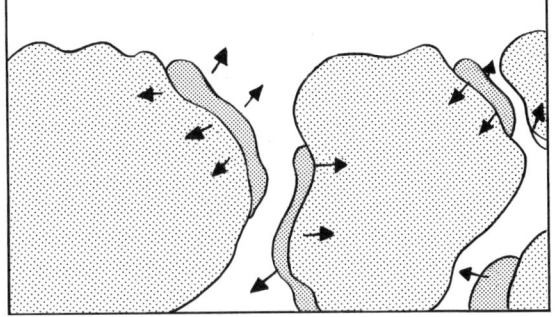

미생물들이 이를 양분으로 이용하므로 떼알구조 형성에 좋은 성분이 많아지고

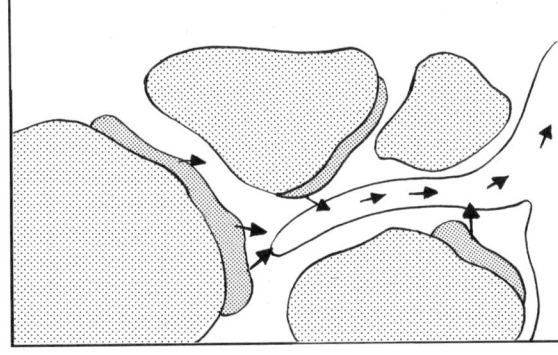

떼알구조의 미세공극에 들어간 유기질 성분이 작물의 양분으로 이용됩니다.

또 과수원에 퇴비 주기가 귀찮다고 겉에만 주면 좋은 성분들이 빗물에 유실되기 때문에

표토에만 퇴비를 주는 것은 마치 한약을 다려서 국물은 버리고 건더기만 먹는 것과 같습니다. 퇴비에서 나오는 갈색의 진한 액체가 바로 보약이기 때문입니다.

같은 양의 퇴비를 사용하더라도 주는 방법에 따라 효과가 달라집니다. 특히 흙을 갈아엎기에 불편한 과수원이지만 퇴비를 깊이갈이하면서 주면 나무와 품질에 모두 좋습니다.

145

퇴비가 좋은 이유 – 흙을 부드럽게 하는 힘

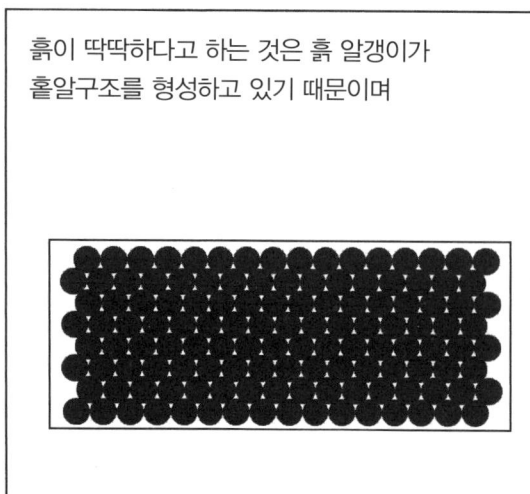

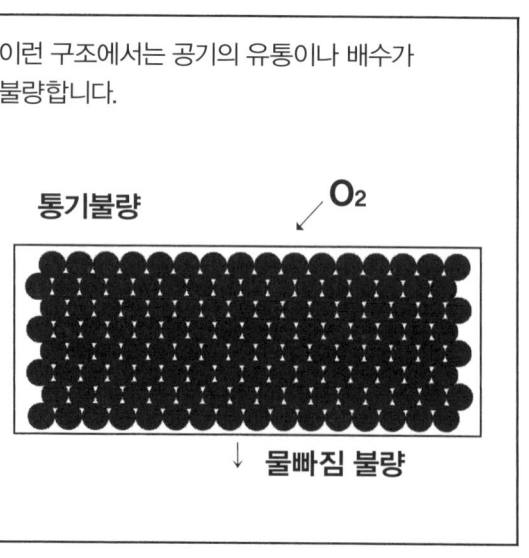

반면에, 유기질(퇴비)이 토양에 첨가되면 미생물이 이용하면서 내놓은 폴리우로나이드와 같은 점착성 물질이 홑알구조 흙 알갱이 사이로 들어가 분산시키고 서로 뭉치게 하여 떼알구조를 만듭니다.

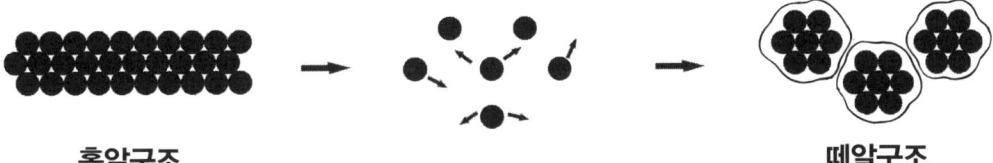

떼알구조가 되면 흙이 부풀어 오르게 되고 푸석푸석하게 변하여 통기성과 물빠짐이 좋아지면서 뿌리 뻗기에 좋은 조건의 토양으로 변합니다.

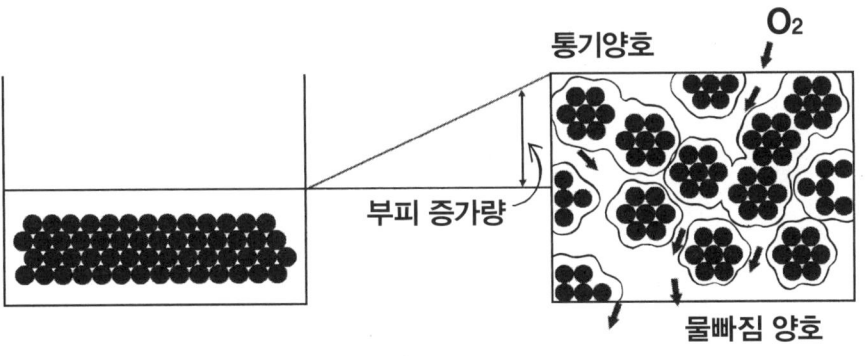

퇴비가 좋은 이유 - 가뭄에 견디는 힘

토양수분은 토양에 강하게 끌어당겨져 이용하지 못하는 무효수분, 작물유효수분, 중력에 의해 빠져나가는 수분으로 나뉩니다.

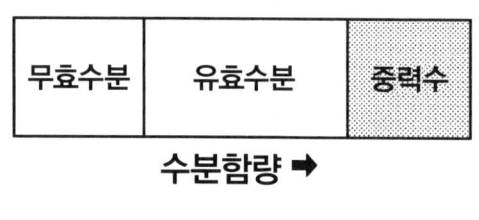

1994년 스티븐슨의 연구에 의하면 부식(유기물)은 자기 무게의 약 20배의 물을 보유할 수 있는데

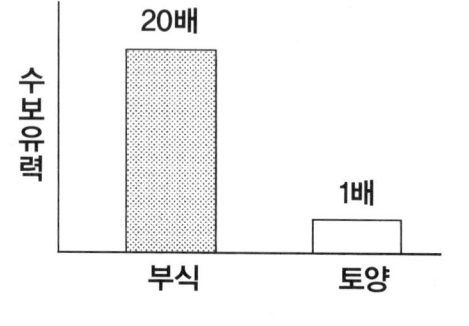

이는 물을 많이 보유할 수 있는 구조를 갖고 있고

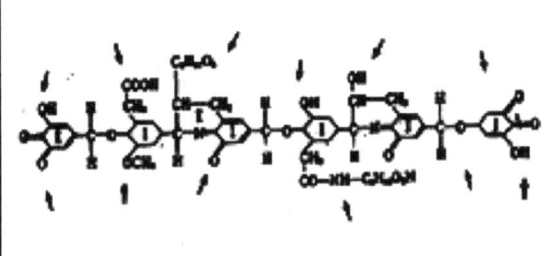

토양의 떼알구조를 발달시켜 작은 공극과 큰 공극에 골고루 물이 분포되기 때문에

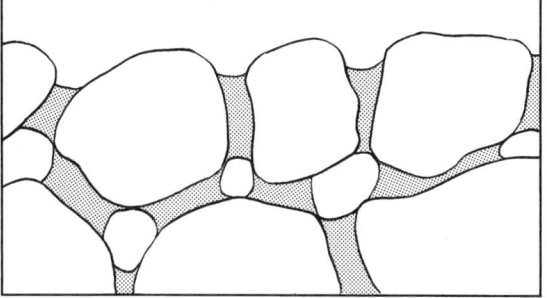

토양에 같은 양의 수분이 있어도 실제 작물이 이용할 수 있는 수분의 양은 훨씬 많아집니다.

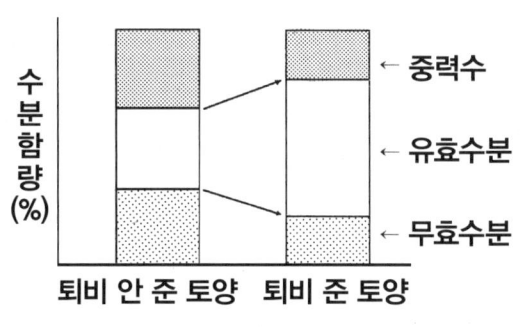

그래서 퇴비를 충실하게 주면 실제 이용할 수 있는 수분이 많아져서 가뭄에 견디는 힘이 강해집니다.

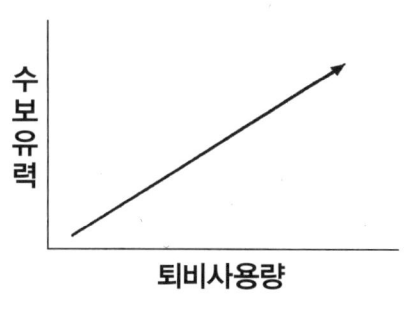

퇴비(유기물)가 갖고 있는 많은 장점 중에서 가뭄에 견디는 힘을 강하게 만들어주는 성질이 있습니다.

지난해에 농산물 가격이 하락했기 때문에 퇴비 주는 것을 소홀히 하는 농가가 많은데, 퇴비를 충실하게 주는 것이 가뭄에 의한 피해를 줄이는 방법입니다.

퇴비가 좋은 이유 – 양분 용탈을 막는 힘

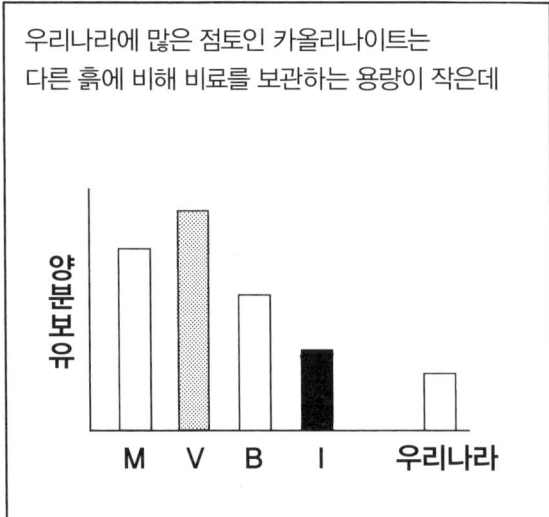

반면, 퇴비에 많은 유기물은 토양에 있는 모든 물질 중에서 표면적이 가장 넓고 카올리나이트에 비해 몇십 배 이상 넓은데

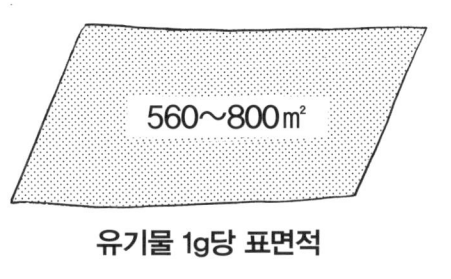

유기물 1g당 표면적

때문에 비료를 보관하는 용량도 훨씬 많습니다.

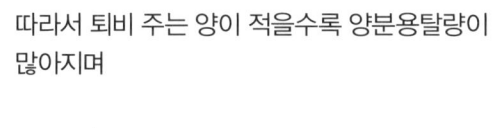

따라서 퇴비 주는 양이 적을수록 양분용탈량이 많아지며

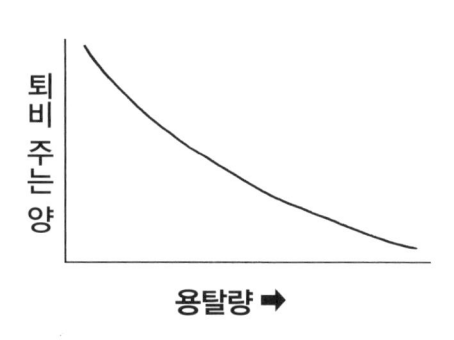

비료성분의 지속시간도 짧아집니다.

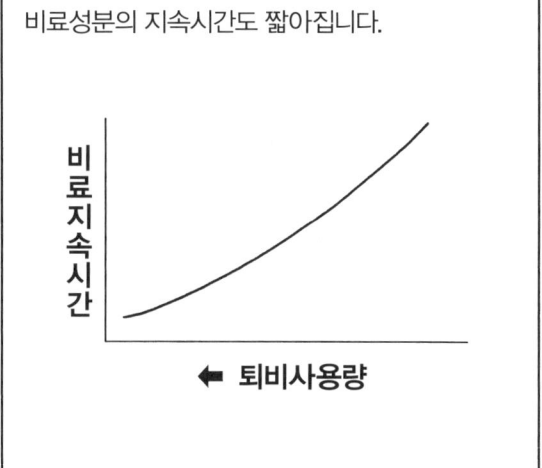

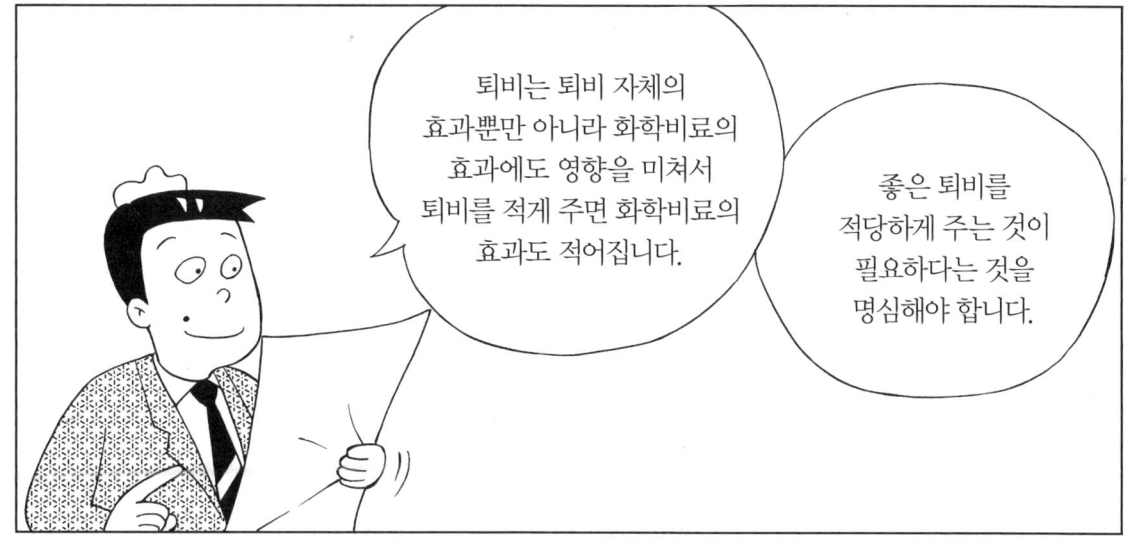

퇴비는 퇴비 자체의 효과뿐만 아니라 화학비료의 효과에도 영향을 미쳐서 퇴비를 적게 주면 화학비료의 효과도 적어집니다.

좋은 퇴비를 적당하게 주는 것이 필요하다는 것을 명심해야 합니다.

퇴비가 좋은 이유 - 미생물의 보금자리

미생물이 흙 속에서 살려면 환경은 물, 공기, 양분이 모두 갖추어져야만 하는데

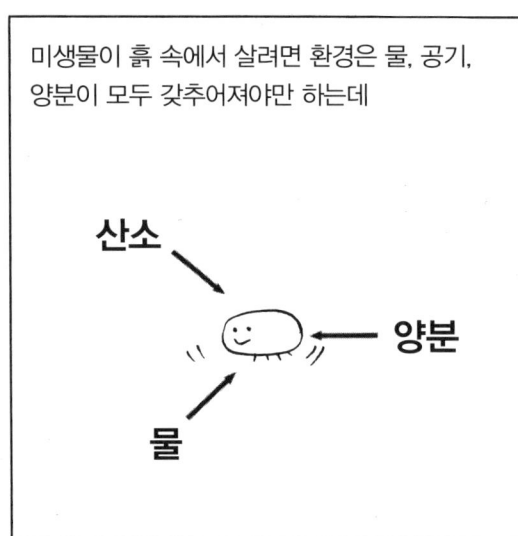

가장 좋은 곳은 바로 흙 알갱이와 알갱이 사이의 작은 공간(공극)입니다.

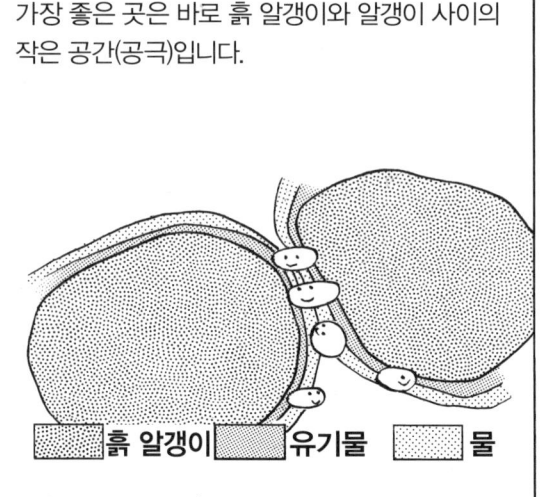

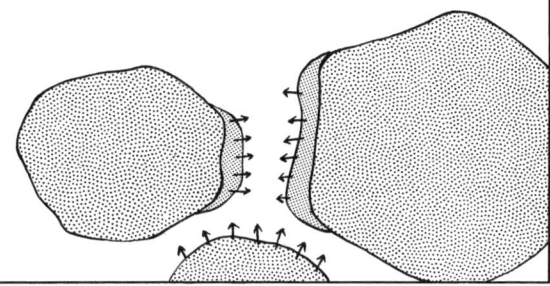
흙에 퇴비(유기물)가 첨가되면 공간 사이로 들어가 미생물이 자라기에 적당한 공간을 만들어주며

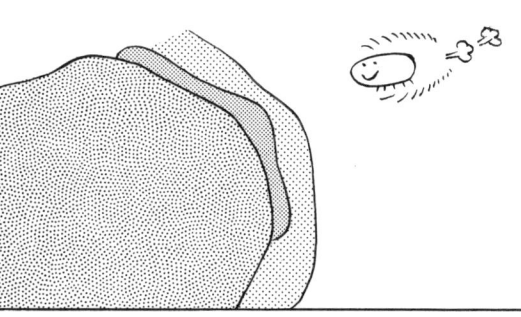
미생물은 흙 알갱이에 붙어 있는 퇴비(유기물)를 먹기 위해 다가와서

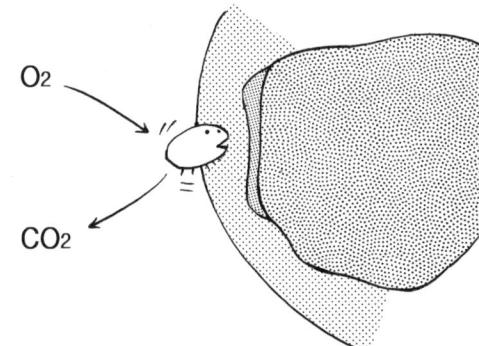
산소를 흡수하면서 유기물을 분해하여 이산화탄소를 내뿜습니다.

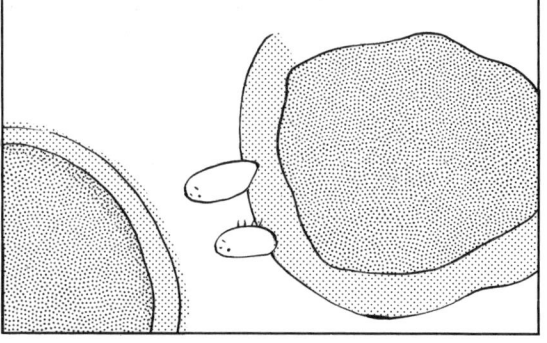
반면에 퇴비(유기물)가 적으면 미생물이 살 집과 식량이 없어서 미생물의 종류와 수도 줄어듭니다.

퇴비(유기물)는 미생물이 먹고 자라는 양분입니다. 또한 미생물이 살 수 있는 집을 만들어주는 역할도 합니다.

따라서 퇴비를 주지 않으면서 미생물의 활성을 기대하는 것은 아주 잘못된 것입니다. 퇴비는 미생물의 보금자리를 만들어주는 중요한 역할을 한다는 것을 명심해야 합니다.

퇴비가 좋은 이유 – 양분 유효도를 높이는 힘

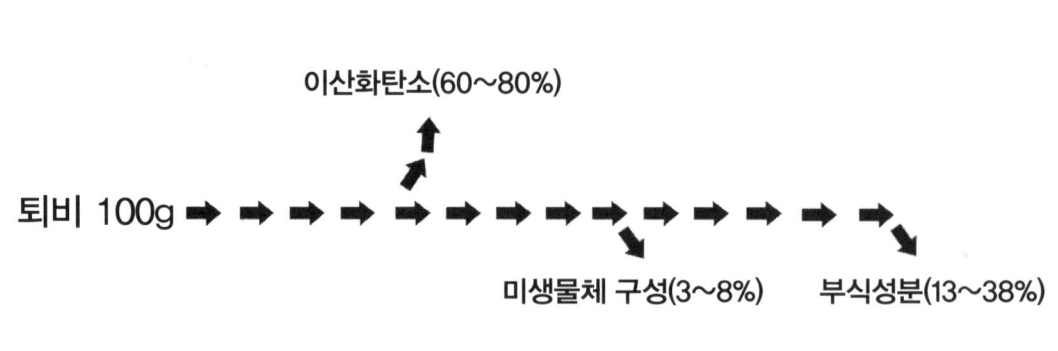

이산화탄소도 미생물이 유기물질을 분해하여 질소(NO_3^-, NH_4^+) 등의 양분을 토양으로 내놓으면서 호흡에 의해 만들어지는 것이며

유기물 ➡ ➡ ➡ 각종 양분 ↗ 이산화탄소

부식에 있는 하이드록실기(-OH), 카르복실기(-COOH), 페놀기(Ar-COOH)의 수소이온은

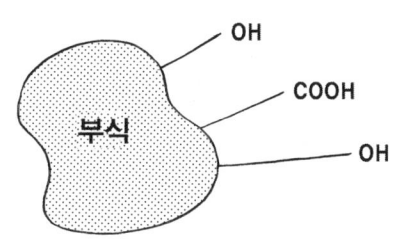

토양입자에 강하게 흡착되어 있는 양분과 서로 교환하여

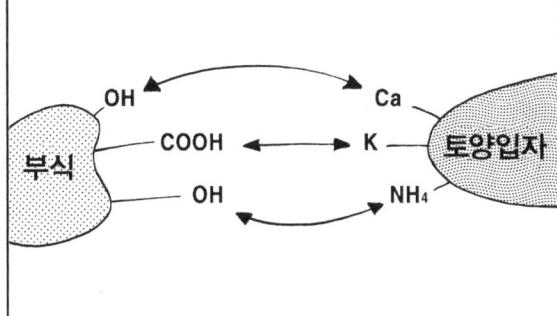

작물이 쉽게 이용할 수 있도록 해줍니다.

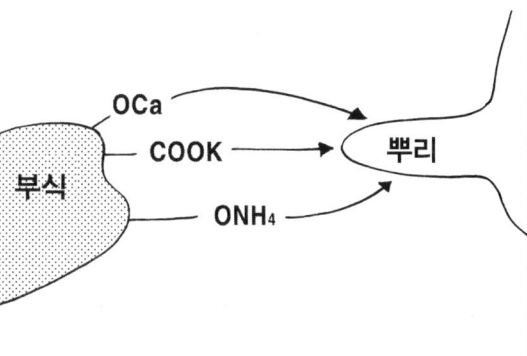

토양에 들어간 퇴비(유기물)는 하나도 버릴 것이 없습니다.

빨리 분해되어 이산화탄소가 많이 발생한다는 것은 그만큼 토양 미생물이 활발하게 활동하고 유용양분이 많아진다는 증거이며, 부식이 많으면 많을수록 작물이 양분을 흡수하기 좋은 조건이 된다는 증거입니다.

::::: 퇴비가 좋은 이유 – 효소 배양체

원소 형태의 물질은 태양에너지를 받아 광합성을 통해 식물체를 구성합니다. 식물체가 다시 식물양분으로 이용되기 위해서는 원래의 원소상태로 분해되어야 하는데 분해과정에는 효소가 결정적인 역할을 합니다.

작물흡수 ⇧

원소 ➡➡ 광합성 ➡➡ 식물체 ➡➡ 분해 ➡➡ 원소

효소

예를 들어, 작물에 필요한 영양소는 단백질과 같은 큰 분자량의 유기물로 결합되어 있다가 여러 효소의 작용을 받아 무기성분인 암모늄태(NH_4), 질산태(NO_3), 황산(SO_4), 인산(H_2PO_4), 미량원소 등 작물이 이용할 수 있는 양분으로 변합니다.

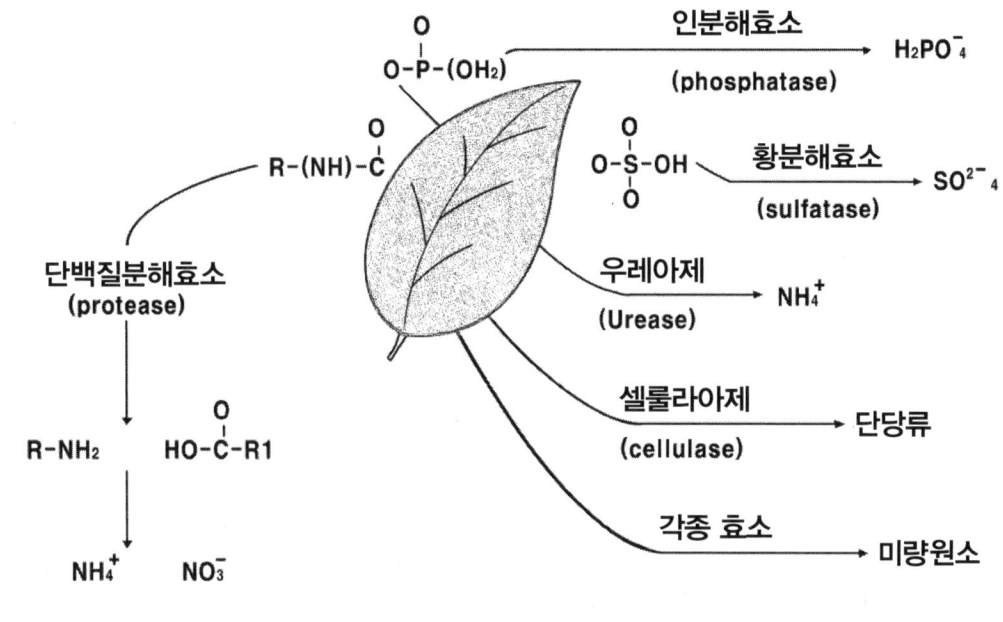

토양에 있는 효소는 토양미생물이 죽으면서 만들어지는 단백질 덩어리로 효소가 없다면 유기물에 아무리 좋은 성분이 있더라도 작물이 이용할 수 있는 형태로 변하지 않으며, 작물이 자라는 데 아무런 효과가 없습니다.

퇴비(유기물)는 미생물이 자랄 수 있는 좋은 조건을 만들어주며 흙 속에 다양한 효소가 작용할 수 있도록 터전을 만들어줍니다.

퇴비가 좋은 이유 – 알루미늄 독성을 줄이는 힘

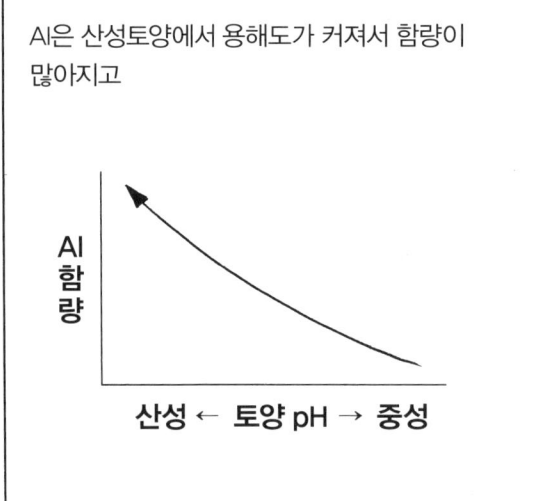
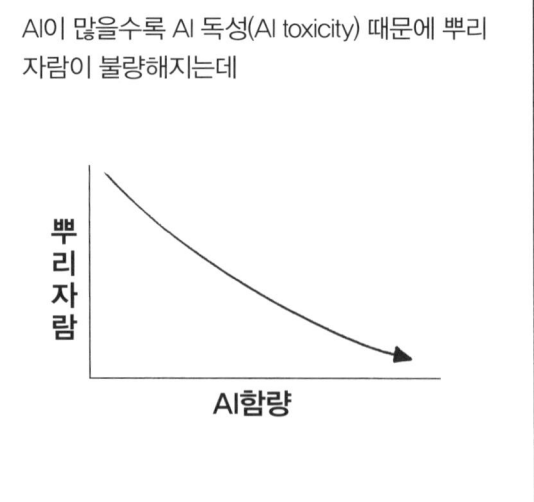

이는 산성토양에서 Al이 쉽게 뿌리에 흡수되어 뿌리털의 생육이 저해받기 때문입니다.

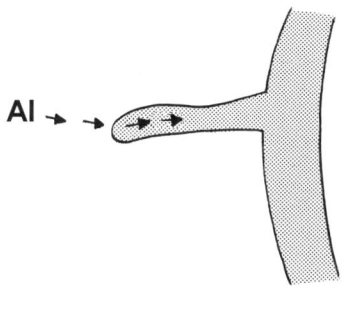

Al 함량을 줄이는 좋은 방법은 토양 pH를 높이는 방법이며

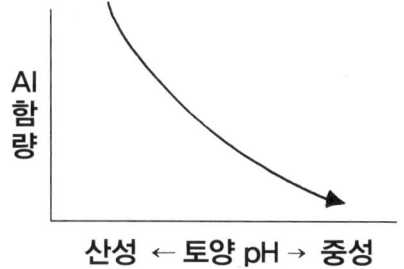

퇴비(유기질)를 첨가하면 부식이 Al과 결합하여 토양 중의 함량과 뿌리의 흡수를 줄여주며

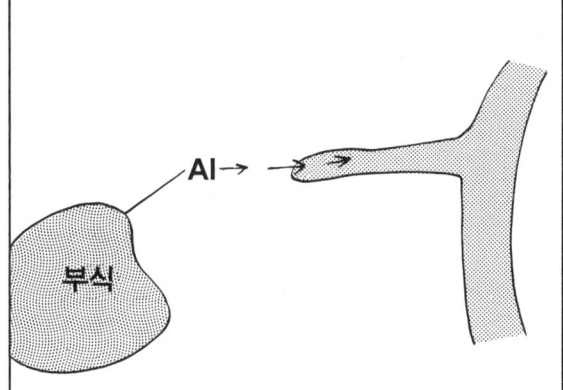

같은 pH 조건에서도 Al 독성을 줄이는 효과가 훨씬 커집니다.

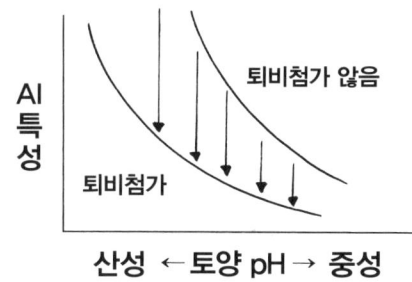

퇴비(유기물)에는 우리가 모르는 좋은 점이 아주 많습니다.

특히 알루미늄 외에 중금속으로 오염된 토양에 퇴비(유기물)를 처리하면 작물의 중금속 흡수량을 줄여주는 역할도 합니다. 따라서 토양이 오염되거나 척박해질수록 퇴비를 충실하게 주는 것이 필요합니다.

많은 도움이 되셨나요? 흙, 비료를 잘 알고 농사를 지어야 하는 필요성을 느끼는 계기가 되었으면 합니다. 지금까지 저는 현해남이었습니다.

끝.

만화로 이해하는
흙과 비료 이야기
❷ 비료 이야기

초판 1쇄 발행 2012년 5월 18일
개정판 1쇄 발행 2014년 11월 5일
개정2판 1쇄 발행 2022년 4월 11일
개정2판 3쇄 발행 2023년 10월 16일

글·그림 현해남

발행인 이성희
편집인 하승봉

펴낸곳 (사)농민신문사
출판등록 제25100-2017-000077호
주소 서울시 서대문구 독립문로 59
전화 02-3703-6136
팩스 02-3703-6213
홈페이지 http://www.nongmin.com

이 책은 저작권법에 따라 보호를 받는 저작물이므로
무단전재와 무단복제를 금지하며, 내용의 전부 또는 일부를
이용하려면 반드시 저작권자와 (사)농민신문사의
서면동의를 받아야 합니다.

ⓒ 농민신문사 2023
ISBN 978-89-7947-183-0(04520)
ISBN 978-89-7947-181-6(세트)
잘못된 책은 바꾸어 드립니다. 책값은 뒤표지에 있습니다.